사회 속의 과학

나카지마 히데토 지음
김성근 옮김

오래

지은이의 한국판 머리말

이 책은 2008년부터 내가 일본 방송대학 수업에서 강의하고 있는 「사회 속의 과학」의 교재로 출판된 것이다. 이 방송 기획에 대해 나는 2006년경 연락을 받았다. 실은 그것은 놀랍고도 기쁜 일이었다. 왜냐하면, 과학기술과 사회의 관계에 초점을 맞춘 이 수업이 철학 계열의 강의로 분류되어 있었기 때문이다. 내 전임자가 일본의 저명한 과학철학자 노에 게이치(野家啓一) 도호쿠대학 교수였던 것도 내겐 큰 놀라움이자 기쁨이었다.

20세기는 과학의 시대였다. 때문에 「과학이란 무엇인가」라는 질문이 등장한 것은 자연스러운 일이었다. 일본에서 최초로 이 질문에 답하려고 했던 인물은 독일 신칸트학파의 영향을 받은 철학자였다. 지금부터 정확히 백 년 전인 1913년 도호쿠제국대학(현재의 도호쿠대학)에 부임했던 타나베 하지메(田辺元)는 일본에서 처음으로 과학개론 수업을 개설했다. 과학개론은 서양의 과학론(Science Studies)과 거의 겹치는 분야이다. 그 연구에는 자연과학 학설의 역사적 사례에 대한 분석이 빠지지 않는다. 그러므로 과학개론은 과학철학적 고찰과 함께 과학사의 요소를 당초부터 포함하고 있었다.

그러나 20세기 중반 이후, 과학개론의 구성요소인 과학사와 과학철학은 서서히 분리 독립한 분야가 되었다. 1951년 도쿄대학에 과학사·과학철학 연구실이 창설되었다. 발족 당시에는 과학사 연구자, 과학철학자, 그리고 자연과학자가 공동으로 교육과 연구를 진행했다. 그러나 1970년에 대학원이 발족하고, 전문 교육이 발전하자, 그 분야들 상호 간에 분리의 경향이 강화되었다. 내가 도쿄대학의 과학사·과학철학 연구실에서 과학사를 배웠던 1970년대 말부터 1980년대 중반까지 과학사와 과학철학 사이의 거리는 훨씬 커졌다. 과학사에는 실증주의적인 미국의 영향이 현저해진 반면, 학제적인 연구는 약화되었다. 과학철학도 독자적인 학문화의 길을 걸었다. 두 분야 모두 현실사회의 과학과는 동떨어진, 고도로 전문적이고 추상적인 학문이 되었다. 1970년대의 일본은 산업공해의 시대였지만, 그런 사회문제를 직접적으로 다룬 연구자는 소수에 불과했다.

물론, 과학에 대한 사회적 연구가 전혀 없었던 것은 아니다. 1930년대 이후, 과학개론 분야에 과학사회학이 새롭게 더해졌다. 그러나 과학의 사회제도적 분석은 초기뿐으로, 그 뒤에는 별로 발전하지 못했다. 1970년대 이후에는 과학지식사회학(Sociology of Scientific Knowledge, SSK)이라고 하는, 과학지식의 사회적 구성(social construction)에 초점을 맞춘 연구가 유행했다. 매우 상대주의적일 뿐만 아니라, 현장의 자연과학자들은 결코 인정하기 어려운 논쟁들이 횡행했다. SSK는 영국에서 시작된 것으로, 20세기 말 미국에서 벌어진 과학전쟁(Science Wars)의 배경이 되었다.

내가 과학사 연구를 시작할 당시 과학개론의 세 주요 구성분야(과학사, 과학철학, 과학사회학)는 「과학이란 무엇인가」라는 근본적인 질문을 이미 잃어버린 상태였다. 분야들 상호 간의 교류도 부족했고, 서로가 폐쇄적인 모습이었다. 「과학이란 무엇인가」라는 질문에 답하는 것은 「과학기술은 현대사회에서 어떤 모습이어야 하는가」라는 질문으로 향해가는 열쇠이다. 그러나 이 질문은 폐쇄적인 학문으로는 결코 답할 수 있는 것이 아니다.

이런 상황을 극복할 분야로서 나는 서양에서 발달해온 과학기술사회론(Science and Technology Studies)에 흥미를 가졌다. 그것은 과학기술과 사회(Science, Technology and Society)라고도 불린다. 둘 다 STS라고 약칭되는 것으로, 과학, 기술, 사회 상호 간의 관계를 학문적 지식을 동원하여 해명하려고 한다. 이 분야를 일본에 도입하기 위해 나는 1990년경부터 약 20년간 노력해왔다.

잠시 다른 이야기를 했지만, 방송대학 철학 계열의 수업 의뢰를 받았을 때, 나는 STS에 대한 내 지난 연구가 과학철학자들로부터도 인정받았다는 생각에 매우 기뻤다. STS는 과학개론이 가졌던 원래의 정신을 계승 발전시킨 것이다. 과학철학의 분야에서도 학문적 개혁의 기운이 높아지고 있음에 틀림없다.

STS라는 분야가 최근 번성하기 시작한 것은 우연이 아니다. 1980년대 말 냉전의 종결은 하나의 큰 이유였다. 냉전시대에는 과학에 대한 비판이 정치 비판과 동일하게 받아들여졌다. 그러므로 그 시기에는 건설적인 과학 비판조차도 어려웠다.

한편, 과학을 둘러싼 사회문제의 빈번한 발생도 중요한 배경이었다. 일본에서는 1995년 일련의 상징적인 사건들이 일어났다. 그 해 1월, 고베 대지진이 고베시 주변에서 발생했다. 그때 기술자들이 결코 무너지지 않을 것이라고 확신했던 고속도로가 무너져 내렸다. 3월에는 지하철 사린 사건이 발생했다. 광신적인 컬트 집단에 의해 맹독가스인 사린이 도쿄의 지하철에 살포되었다. 사린을 합성한 것은 과학자를 지망하던 청년들이었다. 12월에는 몬주라는 이름의 고속증식로가 나트륨 화재를 일으켰다. 이 사건을 기록한 영상의 중요 부분을 원자력을 관리하던 조직(동력로·핵연료개발사업단)이 은폐했다. 이런 사건들 때문에 과학자, 기술자에 대한 사회적 불신이 높아졌다.

과학기술과 사회 사이의 부조화는 세계적인 현상이다. 지구환경문제, 유전자 조작 식품(GMOs)의 안전성, 광견병(BSE)의 발생과 쇠고기의 수입을 둘러싼 논쟁 등 다수의 예를 들 수 있다.

1999년 여름, 헝가리의 부다페스트에 과학자들이 모였다. 거기서 개최된 세계 과학회의(World Conference on Science)는 UNESCO와 국제 과학회의(ICSU, 국제학회와 아카데미의 연합체)가 공동 개최한 것이었다. 거기서 과학자들은 「과학과 과학적 지식의 이용에 관한 세계 선언」(부다페스트 선언)을 발표했다. 이 선언에서는 「지식을 위한 과학」뿐만 아니라, 「사회 속의 과학, 사회를 위한 과학」의 중요성이 강조되었다. 지금까지 과학은 무조건 사회에 도움이 되는 것으로 여겨져 왔다. 그러나 과학이 사회에 도움이 되기 위해서는 깊은 숙고가 필요하다는 사실이 확인되었다. 2011년 3

월에 발생한 후쿠시마 제1원자력 발전소 사고는 그 선언의 의미를 재차 확인시켜 주었다.

STS는 1980년 이후 발전한 새로운 분야이다. 중요한 분야이지만, 내용적으로는 여전히 미숙한 것도 사실이다. 앞선 과학사, 과학철학, 과학사회학으로부터 약점을 계승한 측면도 없지 않다. 예를 들어, 무비판적인 전문주의와 실증주의 또는 상대주의적 과학관 등이다. 그러나 이 같은 결점은 STS가 현실사회와 대화를 계속함으로써 극복되어 갈 것이라고 믿는다.

동아시아의 근대화는 일본에서 시작되었다. 그러나 오늘날에는 한국과 대만도 고도의 과학기술 문명을 꽃피우고 있다. 과학기술 문명의 혜택은 중국 본토, 동남아시아와 인도 등 아시아지역 전체로 퍼져나가고 있다. 이것은 과학기술의 빛과 그림자의 양면에서 아시아가 최전방 지대가 된다는 사실 또한 함의하고 있다. 그러므로 STS는 21세기 들어 아시아지역에서 크게 발전할 것이다. 이 책이 그 출발점으로서의 몫을 조금이라도 해 줄 수 있다면, 나로서는 더할 나위 없는 기쁨일 것이다.

이 책은 후쿠시마에서 원자력 발전소 사고가 발생하기 3주 전에 출판된 것이다. 그러므로 이 책에는 지금 보면 많은 단점이 있다. 예를 들어, 그런 종류의 사고가 일어났을 경우, 전문가는 어떤 몫을 해야 하는가 하는 관점은 이 책 안에 들어 있지 않다. 합의회의처럼, 과학기술의 의사결정에 일반시민들이 참여하는 것이 중요하다는 점은 지적했다. 전문가들이 시민들의 입장에서 생각해보는 것은 중요할 것이다. 그러나 전문가들만이 할 수 있는 몫이 무엇인가는 더 논의되어야 할 것이다. 후쿠시마 사고 당시에는 시민들과 전문가들 사이의 대화에 문제가 있었다. 더불어 전문가들 상호 간에 의견이나 지식 소통의 부재 또한 두드러졌다. 원자로 안의 열류 전문가는 방사선 방호에 대해서는 아마추어이다. 전문적인 분야를 넘어서는 준비되지 못한 발언은 시민의 불신을 가중시켰다. 과학자, 기술자가 특정한 이익집단이라는 것도 이 사건을 통해 명확해졌다. 이 같은 이익집단의 형성에 대해서는 이 책 제13장 이하가 힌트가 되겠지만, 거기서 다룬 것만으로는 충분하지 않을 것이다.

머리말의 마지막에 이 책을 출판하게 된 경위를 덧붙이고 싶다. 앞에서 말한 대로 나는 1990년대부터 일본에 STS를 도입하기 위해 노력했다. 1992년에는 STS 네트워크 일본이라는 조직을 구성했다. 약 10년 뒤인 2001년에는 과학기술사회론학회(JSSTS)를 발족시켰다. 그 사이 1996년 1월 송상용 한림대 교수(당시)가 일본에서의 활동을 한국에 소개해줄 수 있는지 물어왔고 대전시의 대덕연구단지에서 개최된 한국과학저술인협회, 한국과학사학회, 한국과학철학회의 심포지엄에서 강연을 했다.

송상용 선생과는 그 이전부터 국제학회 등에서 만났던 적이 있지만, 선생의 초대에 의해 나는 처음으로 한국을 방문하게 되었다. 당시는 한국이 막 민주화된 시기였기 때문에 일본에서는 아직 한국 군사정권에 대한 기억이 강렬했다. 한국을 방문하는 것은 여전히 불안했지만, 그 불안은 단순한 기우에 불과했다. 그 초대 뒤 나는 STS 한국을 빈번하게 방문하게 되었다.

2000년 중국 칭화대학 STS연구센터의 쩡꾸오핑(曾国屏) 교수가 대학 간 연구 교류를 내게 제안했다. 일중 교류에 한정하지 않고, 동아시아에서의 협력으로 확장하는 것이 좋겠다고 생각했기에 나는 즉시 송상용 선생께 문의했다. 송선생과 쩡교수, 그리고 나는 베이징에서 모여 동아시아 STS 네트워크라는 조직을 발족시켰다. 중국, 한국, 일본에서 발족시킨 조직이었지만, 현재는 대만, 싱가포어 등을 포함하여 거의 매년 국제회의를 개최하고 있다. 최근에는 백 여명에 이르는 참가자가 모인 경우도 있다.

2012년 9월 기념할 만한 제10회 동아시아 STS 네트워크 회의가 서울대학교에서 개최되었다. 그때 이 책의 일본어판을 송상용 선생께 드렸다. 송선생께서는 매우 중요한 책이라는 말씀과 함께 즉시 번역자를 찾겠다고 약속해 주셨다. 송선생의 노력에 의해 일본 유학시절 때부터 나와 친분이 있었던 김성근 전남대학교 교수에게 책의 번역을 부탁했다. 송선생은 도서출판 오래에 번역서의 출판 또한 타진해 주셨다. 매우 바쁜 시기임에도 불구하고 몇 달 만에 이 책을 번역해 주신 김성근 교수, 출판 현황이 좋지 못한 상황이지만, 졸저의 출판을 기꺼이 수락해주신 도서출판 오래에 감사 말씀을 드린다. 이 책의 한국어판 간행을 허락해주신 일본 방송대학 교육진흥회에도 감사의 말씀을 드린다.

20세기 일본의 침략 행위는 아시아 각국에 많은 재앙을 불러왔다. 한국과 일본의 불행한 관계는 일한합방 이전부터 계속되어 왔다. 2002년 월드컵 공동개최, 일본에서의 한류 붐 등 양국 간의 관계는 최근 들어 점점 개선되고 있다. 그러나 앞날은 결코 낙관적이지만은 않다. 학술문화적 교류를 발전시킴으로써 양국 간의 친선이 더욱 깊어지기를 소망한다. 이 책이 양국 사이에 가로놓을 다리의 한 부분이 될 수 있기를 기원한다. 그것이야말로 오랫동안 내게 큰 도움을 주셨던 송상용 선생에 대한 감사와 은혜에 보답하는 길일 것이다.

2013년 1월 27일 도쿄에서 나카지마 히데토

책 머리에

이 책은 『사회 속의 과학』이라는 수업 교재인데, 첫 수업에서 언급하는 것처럼 여기서 말하는 「과학」은 기술을 포함한 넓은 영역을 가리킨다. 현대사회에서 과학은 종래처럼 더 이상 순수한 지식만으로는 존재할 수 없게 되었다. 과학은 기술을 통해 사회에 큰 영향을 미치는 존재가 된 것이다.

나는 학생 시절부터 계속해서 17세기의 영국 과학사를 전공해왔다. 그런데 그 분야를 연구할 때에도 과학이 현대사회에서 왜 이렇게 막강한 영향력을 발휘하게 되었는가 하는 의문을 버린 적이 없었다. 17세기의 과학은 오늘날처럼 큰 영향력을 발휘하지 못했기 때문에, 대중은 자연을 탐구하는 사람들을 공기의 무게 따위나 측정하는 이상한 사람들이라고 야유하거나, 수상한 마술사 또는 연금술사로 혼동하는 경우도 많았다. 당시의 과학은 사회에 도움이 되기보다는 사회로부터 그 존재를 겨우 허락받은 수준에 머물러 있었다. 그랬던 것이 어떤 과정을 통해 현재와 같은 큰 영향력을 발휘하게 된 것일까?

나는 17세기라는 오래 전 시대의 과학 연구자였는데, 어떤 사정으로 첨단공학 연구소에 첫 직장을 얻게 되었다. 그런데 거기서 본 것은 과학이라기보다는 과학과 기술이 경계가 없이 융합한 것이었다. 즉, 순수과학과는 너무나 다른 그것을 보았을 때, 내가 가졌던 느낌은 당혹스러움 그 자체였다. 얼마 뒤에는 역시 우연한 계기로 대학에서 기술사 강의를 담당하게 되었다. 이전부터 전공해 오던 과학사의 수업과 병행하여 기술사라는 분야를 교육한다는 것은 둘도 없는 귀중한 체험이었다. 그 안에서 내가 느낀 것은 대략 두 가지였다. 첫째, 당시까지 진행되어 왔던 과학사와 기술사의 교육 내용은 상상 이상으로 서로 동떨어져 있었다는 것이다. 둘째, 만약 그 두 교육을 통합하여 과학과 기술이 융합해온 과정을 추적할 수만 있다면, 현대사회에서의 과학·기술의 막강한 영향력을 설명할 수 있지 않을까 하는 생각이었다.

그런 문제를 깊이 고민하고 있던 차에 내 대학 선배를 통해 방송대학의 어떤 관계자가 『사회 속의 과학』이라는 과목을 강의해 보지 않겠는가 하는 제의를 해 주셨다. 이번 기회에 당시까지 가져왔던 의문들을 정리하고 독자들과 대화할 기회를 갖는다면 좋겠다는 생각으로 그 제의를 받아들였다.

그러나 강의 준비는 예상 외로 어려운 작업이었다. 일찍부터 내가 대학에서 강의해왔던 과학사와 기술사의 수업을 문헌으로 돌아가 재검토하고, 그에 더하여 새로운 책들과 문서들을 읽는 데는 상당한 시간이 필요했다. 연구했던 성과를 간추리고 이해하기 쉬운 내용으로 정리하는 것도 쉽지 않은 일이었다. 결과적으로 강의 준비가 많이 지체됨으로써 방송대학 관계자들에게 큰 실례를

하게 되었다. 하지만, 그런 만큼 내 스스로 만족할 만한 교재를 만들었다고 생각한다. 완성도에 대한 판단은 독자들의 몫이지만, 이 책을 통해 나의 문제의식과 노력을 공유해 주신다면 그것이야말로 더할 나위 없는 기쁨일 것이다.

마지막으로 이 책의 편집을 도와주셨던 방송대학 교육진흥회의 고토 료키치 씨에게 특별한 감사의 말씀을 드리고자 한다.

2008년 봄 나카지마 히데토

HPS(과학사·과학철학)에서 STS(과학기술학/과학기술사회론)로

과학기술은 과학혁명, 산업혁명, 과학기술혁명을 거치면서 현대사회의 구심점으로 확고한 자리를 잡게 되었다. 과학기술의 본질이 무엇이며 그것이 사회에서 어떤 몫을 하는가에 대한 관심이 일찍부터 싹튼 것은 자연스런 일이다.

19세기 후반 과학의 역사와 철학에 관심을 가졌던 마흐, 푸앵카레, 뒤엠 등 과학자들이 과학사·과학철학(HPS)의 주춧돌을 놓았다. 1920년대 유럽 곳곳에서 일어난 조직적인 과학철학운동은 논리실증주의를 꽃피게 했고 미국으로 건너가 뿌리내렸다. 오랫동안 '과학자에 의한, 과학자를 위한, 과학자의 과학사'를 벗어나지 못했던 과학사는 20세기 초 사튼의 '문화사적 과학사'를 거쳐 1930년대에 철학적 과학사(내적 접근)와 사회적 과학사(외적 접근)로 나누어졌다.

1930년대 머튼이 17세기 영국 과학기술의 사회학적 분석으로 시작한 과학사회학은 같은 시대의 과학철학처럼 역사와 가치를 배제하는 한계를 보였다. 1960년대에 들어와 과학철학에 역사적 접근이 불처럼 일어났고 사회적 과학사 붐이 뒤따랐다. 1970년대에 사회구성주의가 등장함에 따라 과학사회학의 새로운 지평이 열렸다.

과학학(science of science)은 1920, 30년대 소련과 폴란드에서 태동했다. 과학에 관한 과학적 분석을 시도한 과학학은 사회주의권 밖에서는 별로 주목을 끌지 못하다가 1970년대에 서유럽에서 과학학(science studies) 또는 과학에 관한 사회적 연구(social studies of science)로 재출발했고 기술이 추가되어 과학기술학(STS)으로 온 세계에 퍼져나갔다. 과학기술학으로 묶일 수 있는 과학기술철학, 과학기술사, 과학기술사회학은 서로 영향을 주고받았지만 따로 따로 발전해왔다. 1980년대 이후는 과학기술을 다루는 여러 분야들을 아우르는 노력이 활기를 띠고 있다. STS는 과학기술학(S&TS; Science and Technology Studies)과 과학기술사회론(ST&S; Science, Technology and Society)으로 불리는데 일본에서는 과학기술사회론, 한국에서는 과학기술학이 더 널리 쓰이고 있다.

서양 과학기술을 받아들여 19세기에 근대화한 일본에서는 이미 20세기 초에 신칸트학파의 과학관이 소개되었고 1930년대에 마르크스주의적인 과학론이 활발히 연구되었다. 20세기 중반 과학사·과학철학과 STS에서도 일본은 한국보다 한 걸음 앞서 있었다. 한국에서는 1950년대부터 과학사, 과학철학, 과학기술학이 차례로 강의되었지만 과학과 사회 강의에서는 1981년 일본서 나와 이듬해 한국어로 번역된 나카야마 시게루의 『과학과 사회의 현대사』가 교재로 쓰였다. 과학사와 STS에서 나카야마보다 한 세대 아래인 나카지마 히데토의 『사회 속의 과학』은 사회적 맥락에서 본 과학기술사로서 과학사, 기술사, 과학기술과 사회의 교재로 모두 적합하다. 한국과학기술학회에서 곧 낼 예정인 교재『과학기술학 강의: 과학기술과 사회』(휴머니스트)는 과학기술학의 주요 문제를 망라한 책이다. 두 책은 각각 훌륭하면서도 효과적으로 상호보완을 할 수 있을 것이다. 지은이 나카지마는 나온 지 5년 되는 이 책의 한국판 서문에서 STS에 관한 중요한 생각을 적고 있다.

이 책을 지은 나카지마 히데토 교수를 20년 전 도쿄의 학회에서 처음 만났다. 그때 그는 도쿄대학 조수였는데 19세기 서양기술의 일본 도입에 관한 그의 발표가 너무 좋아 내가 1997년 과학기술과 문화에 관한 국제회의를 대전에서 조직했을 때 초청연사로 불렀다. 미국에서는 웨스트폴 전 과학사학회장, 일본서는 사카모토 일본과학철학회장과 함께였으니까 파격이었다. 2000년 나는 그의 초청으로 베이징에서 쩡꾸오핑 칭화대 교수와 함께 동아시아 STS 네트워크(East Asian STS Network)를 창립했다. 그는 물리학에서 시작해 과학기술사를 거쳐 일본 STS를 대표하는 과학기술사회론학회 회장이다. 홍성욱 한국과학기술학회장, 한국과학사학회 차기 회장과는 같은 연배이고 걸어온 길과 관심이 비슷하다.

이 책을 옮긴 김성근 교수와의 인연도 각별하다. 1996년 어느 날 밤, 한림대에서 한문을 가르쳤던 김대현 교수(전남대 국문과)가 아우 성근과 함께 우리 집을 찾아왔다. 화공과를 갓 졸업한 아우가 과학사를 공부하러 일본에 가겠다는데 어쩌면 좋겠냐고 물었다. 서울대 대학원에 과학사 및 과학철학 협동과정이 생겼으니 일본에 갈 필요가 없다고 했다. 그러나 성근은 고집을 꺾지 않고 일본으로 갔다. 그는 도쿄대 과학사·과학철학 연구실에서 한국 사람으로는 가장 빨리 박사학위를 받았다. 나는 김성근 박사를 일본 갈 때마다, 그리고 영국, 미국에서 박사후연구원으로 있을 때도 만났다. 작년 가을 전남대에 취직해 바쁜 첫 학기였지만 이 중요한 책의 번역을 맡아 멋있게 해 냈다. 이 책이 한국에서 널리 읽히기를 바란다.

2013년 1월 25일 이탈리아 피자에서

송상용

차례

1 현대사회와 과학·기술

〈이 장의 학습목표 & 포인트〉 현대과학·기술의 각종 이슈와 과학, 기술이라는 어휘의 성립을 이해함과 동시에, 과학·기술이란 보통 우리가 생각하는 것 이상으로 다양성을 가진 학문이라는 점을 파악한다. 또 이 강의의 대략적인 구성을 이해한다.

〈키워드〉 과학·기술, 과학기술, 과학기술사회론(STS)

1.1 과학 · 기술이란 무엇을 의미할까?

현대는 과학기술의 시대라는 것에 의문의 여지가 없을 것이다. 과학기술이 현대의 모든 부분을 설명할 수는 없겠지만, 휴대전화나 인터넷을 언급할 필요도 없이 과학기술의 성과는 우리들의 삶을 사소한 곳까지 지배하고 있다.

그런데 과학·기술이란 대체 무엇인가? 이 질문에 한마디로 답하는 것은 쉽지 않다. 교육 현장에서 교육자들은 과학을 화학, 물리학, 생물학 등의 분야로 나누어 가르치고 있다. 이런 사실에 주목한다면, 과학은 이른바 분야의 집합이라고 볼 수 있다. 전기공학, 정보과학 등과 같은 공학분야들까지 포괄한다면, 과학·기술은 세분화된 전문분야(학과)의 집합이다. 뒤에서 다루듯이, 「과학」이란 원래 세밀하게 나누어진 분야를 의미하는 어휘이기 때문에, 이것은 본래의 어원과도 일치한다.

이것과는 조금 다른 시각으로, 과학이란 자연에 대한 지식(또는 지식을 만드는 활동)이며, 기술이란 물건(또는 물건을 만들기 위한 기술)이라고 생각할 수도 있다. 과학자로서 가장 쉽게 떠올릴 수 있는 뉴튼이나 아인슈타인은 고급 과학이론을 전개함으로써 인류의 지식 발전에 공헌했다. 한편, 기술을 대표하는 것은 건물이나 기계 등이며, 나아가 사람의 솜씨가 만들어낸 물건, 즉 인공물이다.

그런데 여기까지 읽은 독자들은 이 절의 앞 몇 구절에 「과학·기술」이라는 표기가 아닌 「과학기술」 또는 과학과 기술이라는 어휘 사이에 ·기호, 즉 가운데점이 없다는 것을 과연 눈치챘을까? 이것은 나의 의도적인 설정이라고 할 수 있지만, 실은 여기에는 의외로 깊은 의미가 있다.

물론 많은 독자들은 「과학·기술」이든, 「과학기술」이든, 둘 사이에 대체 무슨 차이가 있는가? 하는 의문을 가질 것 같다. 가운데점이 없는 쪽은 과학과 기술이 더 결합되어 있다는 인상을 갖게 될지도 모른다. 하지만, 일본어로 쓰는 한, 「과학·기술」과 「과학기술」 사이에는 역시 별다른 차이가 없는 것처럼 보인다.

그러나 영어라면 사정이 매우 다르다. 「과학·기술」이라는 표현은 비교적 쉽게 영어로 번역할 수 있지만, 「과학기술」이라는 표현은 번역하기가 매우 까다롭다. 양쪽 모두 'science and technology'라고 번역할 수 있는 것 아닌가? 하고 반문할지도 모른다. 그러나 그것이 과학과 기술이라는 별개의 것들을 단지 연결하는 것인 한, 둘 사이에는 여전히 좁히기 힘든 거리가 있다. 다시 말해 그것은 「과학·기술」의 역어일 뿐이기에, 과학과 기술이 확실한 경계가 없이 융합되어 있는, 즉 일본어 「과학기술」의 뉘앙스를 전달하는 용어가 될 수는 없다는 것이다.

일본어 「과학기술」이라는 표현의 편리함이 영어권에도 알려진 결과, 그 역어로서 technoscience(테크노사이언스)라는 단어가 사용되고 있다. 그런데 이것은 아직 사전에 실릴 정도의 어휘는 아닐 뿐만 아니라 결코 세련된 역어라고도 볼 수 없다. 국제회의 등에서는 일단 science라고 쓰고, 이것이 technology도 포함한다고 말하는 경우도 있다. 그러나 이런 경우에는 논점이 아무래도 과학에 치우치는 경향이 없지 않다. 기술이라 하더라도 전자공학 등 고도의 이론적인 기술로 그 초점이 이동해 버리는 것이다.

그 원인은 영어 science라는 어휘의 성립 역사에 있다. 이 어휘는 라틴어 scientia(스키엔티아)라는 단어에서 유래한다. scientia는 지식이라는 뜻으로, 「알다」라는 의미의 동사 scio(스키오)의 명사형이다. 영어로는 14세기 중엽에 science가 라틴어의 원래 뜻이었던 지식의 의미로 사용되기 시작했다. 한편, 자연의 탐구에 대해서는 science가 아니라 보통 「자연철학」(natural philosophy)이라는 어휘가 대응했다. 실험, 관찰이나 법칙에 관계되는 체계적인 지식이라는, 오늘날과 같은 science의 용법이 확립된 것은 18세기 초에 이르러서였다.

일본어 「科學(과학)」의 원래 뜻은 영어 science의 원래 뜻과도 매우 달랐다. 이 일본어 어휘는 도쿠가와 막부 말기 때부터 메이지 시대에 걸쳐 개별적인 학문, 백과(百科)의 학술이라는 의미로 사용

되기 시작했다. 츠지 데츠오(辻哲夫)의 저서『日本の科学思想(일본의 과학사상)』(中公新書, 1973년)에 따르면, 이 어휘를 오늘날과 같은 자연과학의 의미로 맨 처음 사용한 사람은 니시 아마네(西周, 1829-97)였다. 니시 아마네는 철학이라는 학술용어를 주조한 사람으로도 유명하다. 그는 1874년(메이지 7년)에 창간된『明六雜誌(명육잡지)』의「지설(知說)」이라는 논설에서「サイーンス」(사이언스)라는 가나를 붙여 과학이라는 용어를 사용했다.[1] 당시에는 서양에서도 과학의 전문 분화가 진행되고 있었기 때문에 세분화된 개별 학문들의 총체를 가리키는데 그 어휘가 적합했을 것이다.「理學(이학)」이라는 용어도 science의 역어로 함께 사용되었지만, 메이지 말기에 이르러 과학이 그 주요한 역어로 정착했다. 이학이라는 용어는 오늘날 대학의「理學部(이학부)」에 그 흔적을 남기고 있다.

기술에 대해서도 그 어원을 찾아보면, 영어 technology라는 어휘는 그리스어 techne(테크네)에서 유래했다. 그것은「만들어내다」는 의미의 tikto(틱토)라는 동사에서 파생하여 기술이나 예술의 의미가 되었다. 그것과 거의 같은 의미로 사용된 라틴어에는 ars(아르스)라는 어휘가 있다. 이것은 영어 art(아트)의 어원이다. 그리스어 techne나 라틴어 ars도 예술을 포함한 넓은 의미로 사용되었으며, 숙련된 솜씨라는 뜻을 지니고 있었다.

일본어의「技術(기술)」이라는 어휘는 중국에서 온 것으로, 기원전 1세기 사마천의『史記(사기)』에 이미 그 어휘가 등장했다고 한

---

1) 옮긴이 주: 저자의 착오로 보인다. 니시는「지설」에서「サイーンス」라는 가나를「과학」이라는 용어에 붙인 것이 아니라,「학」이라는 용어에 붙였다.(『西周全集』제1권, 宗高書房, 461쪽 참조.)

다. 즉, 손 기술을 뜻하는 「技(기)」와 도리나 수단을 뜻하는 「術(술)」이라는 두 한자어가 조합된 것이다. 그러나 이이다 켄이치(飯田賢一)의 저서 『一語の辞典·技術(한 단어의 사전·기술)』(三省堂, 1995년)에 의하면, 근대 이전에는 기술이라는 어휘가 예술과 거의 같은 뜻으로 사용된 반면, 오늘날과 같은 기술은 「技(기)」, 「術(술)」, 「工(공)」 등의 한자로 표현되었다. 일상적인 용어인 기술이 현재의 의미를 갖게 된 것은 다이쇼(大正) 민주주의의 시기라고 한다.

이렇게 볼 때, 서구에서도 일본에서도 어원은 다르지만, 기술이라는 용어에는 예술을 포함한 훌륭한 솜씨라는 어감이 있다. 예술을 생각해보면 쉽게 이해할 수 있듯이, 그것은 명시된 지식이 아니며 과학과도 성격이 매우 다르다. 이처럼 서로 다른 개념을 가진 과학과 기술이라는 두 단어를 「과학기술」이라는 한 단어로 사용하는 것은 생각해보면 매우 기이한 일이다. 왜 이 같은 표기가 자연스럽게 받아들여지게 되었을까? 이런 의문은 아래의 설명에서 곧 분명해질 것이다.

1.2 사회적 활동으로서의 과학 · 기술

여기까지는 과학과 기술을 전문 분과로서 또는 지식이나 솜씨와 관련시켜 논해보았다. 그러나 과학·기술을 이것들과는 전혀 다른 각도에서 보는 것도 가능하다. 철학자 이마미치 토모노부(今道友信)는 새로운 윤리학의 개념인 「에코에티카」(생태 윤리학)를 제창할 때, 그 필요성을 과학기술과 관련시켜 다음과 같이 설명했다.

「그런데 과학기술은 수단으로서의 성격을 유지한 채, 그것을 넘어 1960년경부터는 하나의 방대한 환경이 되었습니다. 이것을 저는 「기술관련」이라고 부르는데, 이것이 자연과 함께 인간의 새로운 환경으로 정착하게 된 것입니다. 이 사실은 자연만이 환경이던 시대에 성립한 행위규범으로서의 윤리와는 또 다른 윤리를 예상하게 합니다.」

今道友信, 『エコエティカ』, 講談社学術文庫, 1990년, 5쪽.

현재의 우리들은 자연과 직접 접촉하는 것이 쉽지 않다. 도시에서는 더욱 그렇지만, 사람에게 직접적인 환경은 빌딩이나 포장도로, 그곳을 지나다니는 자동차이며, 가스, 수도, 전기와 같은 기술적인 구조물이다. 그러므로 윤리는 대인에 한정된 것이 아니라 대물도 포함하지 않으면 안 된다는 것이다.

환경으로서의 과학·기술이라는 이마미치의 시점은 중요한 문제를 제기한다. 그것은 과학·기술이 환경이 될 만큼 사람의 생활에 깊이 개입한 이유가 무엇인가 라는 문제이다. 단적으로 말해 과학·기술이 고도로 사회화되었기 때문이라고 답할 수 있을 것이다. 즉, 우리들은 전공이나 지식, 기술을 초월한 사회적 존재라는 입장에서도 과학·기술을 바라볼 필요가 있다.

과학·기술이 사회적 존재라는 것에는 크게 나누어 두 가지 의미가 있다. 첫째, 과학·기술은 집단을 이룬 과학자나 기술자가 사회적 조직을 만들어 운영하고 있다는 점이다. 과학자나 기술자 집단 주변의 사회는 인재나 자금의 공급이라는 형태로 사회적 집단인 그들의 활동을 지원하고 있다. 둘째, 과학·기술의 성과가 사회 속에 깊이 침투한 결과, 그것이 사회전체의 활동에 큰 영향을 미치게 되었다는 점이다. 일반사회가 그런 점을 이해하기 시작한 것은 1960년대의 산업오염을 통해서였을 것이다. 그것은 이마미치가 말하는「1960년경」과도 부합한다. 근래에는 경제적 활성화를 위해 이노베이션(혁신)을 진흥시키고 있고, 그 때문에 지적 재산을 둘러싼 제도적 정비가 이루어지고 있다. 여기서 알 수 있듯이, 법률이나 경제라는 사회적 측면과 과학·기술 사이의 관계도 중시하지 않으면 안 되게 되었다. 과학·기술의 성과를 사회 속에 효과적으로 활용하기 위한 것이다. 과학·기술의 부정적 측면도 환경오염의 시대와는 그 양상이 크게 달라졌다. 그 리스크로는 식품 안전을 위협하는 화학물질이나 방사선처럼 눈에 보이지 않고 널리 퍼져 있는 것들이 증가했다. 리스크와 관련된 관계자들의 숫자도 늘어났고, 이해관계 또한 복잡하게 얽히게 되었다.

그 결과 과학·기술의 활동에서 비롯된 영향은 지식이나 기술의 시점만으로는 쉽게 이해할 수 없게 되었다. 통상의 사회적 활동과 마찬가지로 다양한 분석의 도구들을 동원할 필요가 생긴 것이다. 표 1.1에서 보여주는 것처럼, 그 같은 문제에는 인문·사회과학의 각 분야에 대응하는 접근이 가능하다. 그런 접근을 총칭하는 것으로, 근래 과학기술사회론(STS)이라는 용어가 등장하기 시작했다. 이것은 영어의 Science, Technology and Society 또는 Science Technology Studies의 일본어역이다. 1970년대 들어 본격화된 이 분야는 유럽과 미국에 비해 약 20년 정도 늦게 일본에서도 비로소 활발하게 연구되기 시작했다.

이 책의 아래 내용에서는 과학기술사회론의 틀을 염두에 두면서 과학·기술이 사회적 존재가 된 과정을 역사적으로 살펴볼 것이다. 그리고 그것이 보여주는 과학·기술의 모습을 기초로, 과학·기술이 현대사회에서 일으키고 있는 문제의 성격과, 그 문제에 어떻게 대처할 것인가를 생각해보기로 한다.

〈표 1. 1〉 과학기술학/과학기술사회론(STS)의 학문적 구성

구성 분야의 명칭	내용의 실례
과학기술사학	과학의 발전, 기술의 발전, 과학기술의 제도사
과학기술철학	과학이론의 변환·기술의 변환 시스템, 과학과 합리성, 과학기술사상사, 과학기술윤리학, 과학지와 기술지식
과학기술정책학	자금의 배분, 업적평가, 직무경력(인재육성), 과학계량학
과학기술사회학	과학자·기술자집단의 구조, 보장시스템, 과학지식의 사회학
과학기술경제학	이노베이션, 테크놀러지 매니지먼트
과학기술법학	지적재산권, 규제과학, 의료·환경·정보 등에 관계되는 법률
과학기술정치학	과학기술과 내정·외교
과학기술교육학	이과교육, 과학의 일반에의 보급(PUS)과 커뮤니케이션
그 외	과학기술의 시사문제, 미래론

[참고] 지금부터는 과학과 기술을 특별히 구별할 필요가 있는 경우를 제외하고는 「과학기술」이라고 가운데점 없이 표기한다.

● 학습과제

과학이나 기술이라는 용어의 성립에 대해 교과서를 중심으로 정리해보자. 가능하면, 아래의 참고문헌들도 참조할 것.

◆ 참고문헌

- 岡田節人他編集, 『問われる科学/技術』, 岩波講座·科学/技術と人間, 第1巻, 1999年. (特に第2章, 第4章). (오카다 도킨도 편, 『과학/기술을 묻다』, 이와나미 강좌·과학/기술과 인간, 제1권, 1999. 특히 제2장과 제4장.)

  과학이나 기술이라는 어휘의 변천에 대해 대략적인 흐름을 파악하는 데 도움이 된다.

- 村上陽一郎, 『技術とは何か』, 日本放送出版会, 1980年. (무라카미 요이치로, 『기술이란 무엇인가』, 일본 방송출판협회, 1980.)

  과학, 기술, 인간의 관계에 대해 알기 쉽게 논하고 있다.

- 佐々木力, 『科学論入門』, 岩波新書, 1996年. (사사키 치카라, 『과학론 입문』, 이와나미신서, 1996.)

  과학론에 대해 과학사의 입장에서 다룬 알찬 저서이다.

- 小林傳司·中山伸樹·中島秀人編著, 『科学とは何だろうか』, 木鐸社, 1991年. (고바야시 타다시·나카야마 노부키·나카지마 히데토 편저, 『과학이란 무엇인가』, 목탁사, 1991.)

  특히 제3부 Ⅲ장은 과학기술사회론(STS)의 의의와 내용에 대해 정리하고 있다. 이 주제에 관심이 있는 수강자들을 대상으로 한다.

- 金森修·中島秀人編著, 『科学論の現在』, 勁草書房, 2002年. (가나모리 오사무·나카지마 히데토 편저, 『과학론의 현재』, 경초서방, 2002.)

  과학기술사회론을 염두에 둔 과학론의 교과서이다.

2 고대의 자연과학

〈이 장의 학습목표 & 포인트〉 자연과학은 언제 시작되었는가? 라는 질문을 통해 과학이란 무엇인가를 생각한다. 또 이오니아학파, 피타고라스학파, 플라톤, 아리스토텔레스 등의 자연철학을 소개한다. 이것들과 알렉산드리아의 과학 사이에 어떤 차이가 있는지 생각해본다.

〈키워드〉 신화, 시원(아르케), 지구중심설, 동심천구설, 4원소설, 천상계, 월하계, 강제운동, 자연운동

2.1 과학의 시작

과학의 역사를 시작할 때 어려운 것들 중 하나는 과학의 시작을 어디에 놓아야 할 것인가이다. 과학을 어떻게 정의하는가에 따라 그것이 정해지겠지만, 제1장에서 보았듯이 과학을 정의하는 것은 결코 쉬운 일이 아니다. 물론 최초의 과학은 사회적인 것이라기보다는 순수한 지식이었던 것임에 틀림없다. 그런데 어떤 지식을 과학이라고 볼 수 있을 것인가?

기존의 과학사에서는 그것에 두 가지 관점이 있다고 생각한 것 같다. 하나는 이른바 4대 문명의 시기에 과학지식이 등장했다는 관점이다. 예를 들어, 고대 이집트인들은 시리우스별이 해돋이

직전에 나타나면, 나일강의 범람이 시작되고 농경의 계절이 도래한다는 것을 알고 있었다. 그것은 홍수의 발생을 천문현상과 연결시킨 매우 수준 높은 지식이었다. 또 하나는 과학지식이 고대 그리스에서 성립했다는 관점이다. 만약 그 이전에 자연현상에 대한 이해가 있었다 하더라도, 그 이해는 신화적, 의인적이었으리라는 것이다. 예를 들어, 고대 메소포타미아인들은 우주가 신들의 전투에 의해 만들어졌다고 보았다. 자연은 신의 의지에 맡겨져 있었던 것이다. 그에 반해 그리스인들은 자연현상을 자연 그 자체의 원리로 설명하기 시작했다. 물론, 고대 그리스에서도 당초에는 신화적인 설명이 일반적이었다. 예를 들어, 지진은 바다의 신이자 지진의 신이기도 한 포세이돈이 일으키는 것이라고 보았다. 그러나 기원전 6세기의 철학자 탈레스는 대지를 띄우고 있는 물의 진동이 곧 지진이라고 해석했다. 이런 해석은 신화적인 설명과 비교하면 훨씬 더 합리적이다.

과학의 성립을 둘러싼 이 두 관점은 견해의 차이라고 말할 수 있는 것으로, 그들 중에서 어느 쪽이 옳은가를 정하는 것은 쉽지 않다. 이 책에서는 단지 시간의 제약이라는 이유 때문에 두 번째 관점을 취하기로 한다. 그런 관점에 따르면, 과학 발생의 땅은 이오니아 지방(소아시아의 일부)에 있던 그리스의 식민도시 밀레토스가 될 것이다. (표 2.1, 그림 2.1). 고대 그리스의 과학에 대해 뛰어난 연구를 남긴 로이드는 탈레스를 시작으로 밀레토스의 철학자들은 자연에서 「신들을 제외했다」고 지적했다.

고대의 대철학자 아리스토텔레스는 탈레스를 철학자들의 시조라고 보았다. 나아가 최초의 철학자들은 만물을 이루는 근본, 즉 시원(아르케, arche)에 관심을 가졌다고 한다. 최초의 철학은 자연에 대한 철학, 즉 자연철학이었던 것이다. (이오니아의 자연철학). 탈레스와는 달리 아낙시메네스는 시원을 공기라고 생각했다. 아낙시만도로스는 시원이란 특정한 물질이 아니라, '토 아페이론'(to apeiron, 무한한 것)이라고 보았다.

반세기 정도 뒤의 헤라클레이토스 역시 시원에 관심을 가졌는데, 그에 따르면, 만물은 불이 변화한 것이었다. 그는 또「만물은 변한다」고 말한 것으로 알려져 있다. 이에 대해 현재의 이탈리아에 위치해 있던 그리스의 식민도시 엘레아의 파르메니데스는「있는 것은 있고 없는 것은 없다」라는 난해한 표현을 사용하여 변화와 운동의 관념을 부정했다. 변화가 일어나는 것처럼 보일지라도, 현상의 배후에서 그것은 불변하다는 것이다. 이 같은 대립에 하나의 해결책을 제시한 사람은 시칠리아의 아크라가스에서 활약한 엠페도클레스였다. 그는 만물은 불, 공기, 흙, 물이 다양한 비율로 혼합하여 이루어진 것이라고 보았다. 변화란 스스로는 불변하는 이 네 개가「사랑」과「투쟁」(미움)이라는 대항적인 힘의 근저에서 혼합, 분리함으로써 발생한다고 보았다. 이것은 훗날의 원소에 가까운 사고이다. 또 다른 해결책은 원자의 결합과 분리로 변화를 설명하는 것으로, 레우키포스가 그것을 제안하고 데모크리토스가 발전시켰다.

〈표 2. 1〉 그리스 자연철학의 주요 시기와 학파

1. 소아시아의 그리스 식민도시
  밀레토스학파
    탈레스 (전성기 BC 585년경)
    아낙시만도로스 (전성기 BC 555년경)
    아낙시메네스 (전성기 BC 535년경)
  에페소스의 헤라클레이토스 (전성기 BC 500년경)
  밀레토스의 레우키포스 (전성기 BC 435년경)
  코스의 히포크라테스 (전성기 BC 425년경)
  크니도스의 에우독소스 (전성기 BC 365년경)
  사모스의 아리스타르코스 (전성기 BC 275년경)

2. 이탈리아의 그리스 식민도시
  사모스의 피타고라스 (크로톤에서 활약, 전성기 BC 525년경)
  엘레아학파
    파르메니데스 (전성기 BC 480년경)
    제논 (전성기 BC 445년경)
  아크라가스의 엠페도클레스 (전성기 BC 450년경)

3. 그리스 본토
  크라조메나이의 아낙사고라스 (전성기 BC 445년경, 아테네에서 활약)
  압데라의 데모크리토스 (전성기 BC 410년경)
  아테네
    소크라테스 (BC 469-399)
    플라톤 (BC 427-347)
    아리스토텔레스 (BC 384-322)
  니카이아의 히파르코스 (전성기 BC 135년경)

4. 알렉산드리아
  에우클레이데스 (전성기 BC 300년경)
  크테시비오스 (전성기 BC 275년경)
  헤로필로스 (전성기 BC 275년경)
  에라시스토라토스 (전성기 BC 260년경)
  아르키메데스 (BC 287-212)
  에라토스테네스 (전성기 BC 225년경)
  아폴로니오스 (전성기 BC 210년경)

(참고: 그리스·로마기의 알렉산드리아)
  헤론 (전성기 AD 60년경, 알렉산드리아에서 활약)
  프톨레마이오스 (전성기 AD 150년경, 알렉산드리아에서 천문관측)
  갈레노스 (AD 129-199, 알렉산드리아에 체재하며 로마에서 활약)

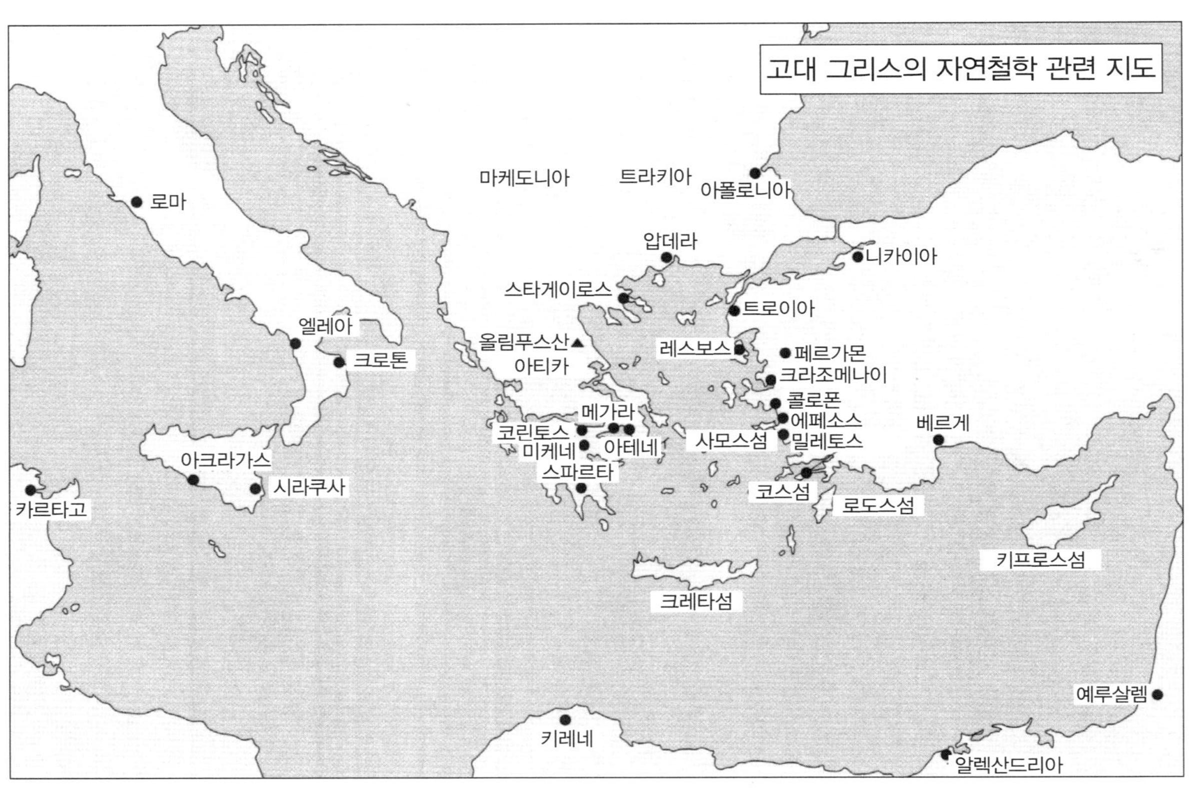

〈그림 2. 1〉 고대 그리스의 자연철학 관련 지도

2.2 수학적 자연관과 플라톤

이오니아의 자연철학자들은 만물의 시원을 물질적인 것으로 생각했다. 이와는 달리, 자연의 존재적 원리(근본)를 수학적인 것으로 생각한 사람이 피타고라스였다. 그는 사모스섬에서 태어나 이탈리아 반도의 크로톤으로 이주했다.

피타고라스의 사상은 개인의 착상이 아니라 그의 학파의 산물이다. 피타고라스학파는 종교적인 신념으로 결속한 폐쇄적인 집단이었고, 정치에도 적극적으로 참여했다. 무정부 상태를 혐오하고, 자연이나 사회 속에서 사람의 마음을 평온하게 하는 질서를 발견하고자 했다. 그들이 중시했던 것은 조화(하모니)이자 질서있는 세계(코스모스)였다. 그것은 기원전 6백 년경 폴리스 내부에서 생긴 대립에 대한 대응책으로 당시의 철학자들에게 부여된 과제였다.

피타고라스의 이름으로 현재 가장 친숙한 것은 피타고라스의 정리일 것이다. 고대 메소포타미아에서는 이 정리와 비슷한 것이 이미 알려져 있었다. 그러나 그것을 엄밀하게 증명한 것은 피타고라스학파였다. 그들은 수학에 뛰어났을 뿐만 아니라 수학을 자연계 전체의 원리에까지 확장시켰다는 점에 특징이 있었다. 자연계 안에 수학이 나타난 예로는 음계가 있다. 현을 절반으로 나누면 8도(옥타브), 3분의 2로 하면 5도, 4분의 3으로 하면 4도의 음정이 된다. 자연현상과 수적 비율의 결합이다.

피타고라스학파의 사상은 파르메니데스 등에게도 영향을 미쳤다고 알려진다. 그들의 수학적 자연관은 플라톤에게 계승되었다. 말할 것도 없이 플라톤은 소크라테스의 제자이자 아리스토텔레스의 스승이다. 플라톤은 눈에 보이는 변화의 세계는 현상의 세계이며, 그것을 만들어내는 이데아(idea)의 세계야말로 참된 세계라고 보았다. 이 이데아론은 수학과 쉽게 결합한다. 우리들은 완전한 삼각형을 현실에서 그릴 수는 없지만, 그려놓은 불완전한 삼각형에서 그것을 읽어낼 수가 있기 때문이다. 플라톤은 그 뒤 천문학의 기본구조를 결정하는 역할도 담당했다. 이데아를 중시하는 입장에서는 현상계에 관한 연구를 쓸모 없는 것으로 여겼다. 그러나 그는 우주야말로 가장 아름답고 완전한 모델을 따라 만들어졌다고 생각했다. 천체의 운동은 완전한 도형인 원운동에 의해 설명하지 않으면 안 된다. 플라톤이 생각한 우주는 대략 그림 2.2와 같은 것

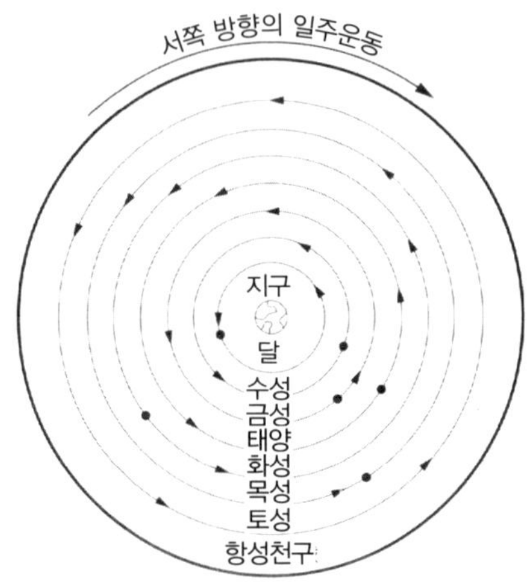

〈그림 2. 2〉 고대 그리스의 우주 모델

(출처: トマース·クーン, 『コペルニクス革命』, 講談社学術文庫, 그림 16, 86쪽.)

이었다. 지구는 구형이며 우주의 중심에 위치한다고 보았다. 가장 바깥 쪽에는 항성의 천구가 놓여 있고, 그 안 쪽에 항성과는 다른 운동을 하는 태양과 달, 그리고 행성이 자리잡고 있다. 당시에는 수성, 금성, 화성, 목성, 토성 등 다섯 개의 행성이 알려져 있었다. 행성들에 다섯 개의 천구를, 그리고 태양, 달, 항성에 각각 하나의 천구를 설정하면, 총 여덟 개의 천구의 원운동으로 전체 운동을 설명할 수 있었다. 이런 천구는 서로 빈틈이 없게 차례차례 포개 넣을 수 있는 형태로 만들어졌다고 생각했다.

이 모델은 그 뒤 지구중심설의 기초가 되었다. 그러나 그것은 불완전한 것이었다. 가장 큰 문제점은 행성의 궤도 운동을 단순한 원운동만으로는 설명할 수 없다는 점이었다. 그림 2.3에서 보여주는 대로 행성에는 운행을 멈추고(留), 역방향의 운동을 하는 기간이 있다. 역행이라고 불리는 이 현상은 현재의 관점에서 보자면,

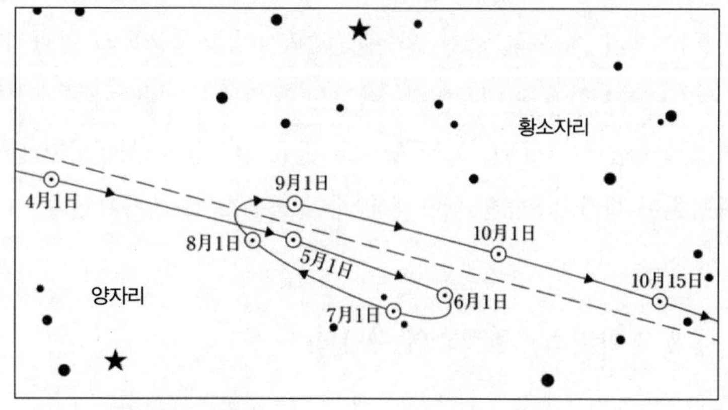

〈그림 2. 3〉 행성의 역행

(출처: トマース·クーン, 『コペルニクス革命』, 講談社学術文庫, 그림 15, 79쪽.)

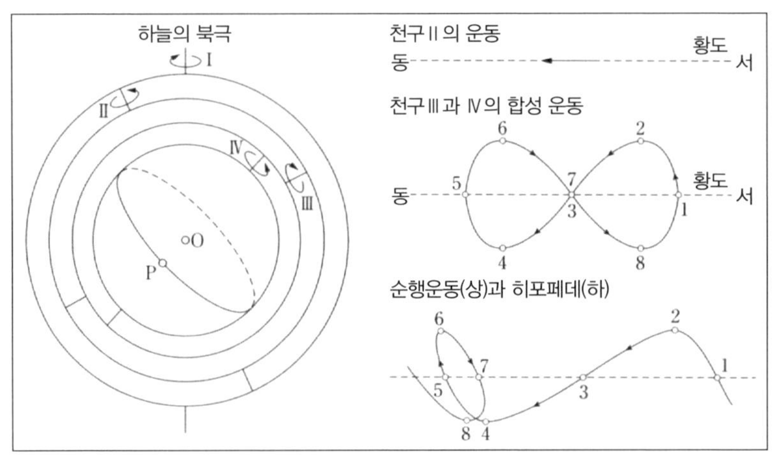

〈그림 2. 4〉 에우독소스의 동심천구설

(출처: 高橋憲一訳·解説,『コペルニクス·天球回転論』, 127－128쪽. 그림 2.1과 2.3)

태양의 주위를 도는 모든 행성을 지구가 추월할 때 발생한다. 그 뒤의 천문학에서는 이 같은 불규칙한 현상을 단순한 원운동의 조합으로 어떻게 설명할 것인가가 큰 과제가 되었다. 예를 들어, 플라톤의 제자 에우독소스는 원운동을 포개어 역행운동을 만들어내는 것이 가능함을 보여주었다. 이것은 에우독소스의 동심천구설이라고 한다. (그림 2.4). 그는 행성의 불규칙 운동을 설명하기 위해 플라톤이 생각한 8개의 천구에 19개의 천구를 더 추가시켰다.

2.3 아리스토텔레스의 자연학

플라톤은 아테네에 자신의 학원인 아카데메이아를 설립했다. 그의 학생 아리스토텔레스는 훗날 「만학의 조상」이라고 불릴 정도의 인물이었다. 그의 아버지는 마케도니아왕의 시의를 담당하고 있던 그리스인이었다. 아리스토텔레스도 훗날 마케도니아의 알렉산도로스(알렉산더) 대왕의 가정교사로 일했다. 아리스토텔레스는 아테네에 아카데메이아와는 별도로 자신의 학원인 뤼케이온을 설립했다. 오늘날 아리스토텔레스는 철학자로 알려져 있다. 그러나 그의 저작들 중에는『자연학』,『천체론』,『기상학』,『동물지』등 자연과학을 탐구한 것들이 많다. 이 같은 주제는 자연(퓌시스, physis)에 대한 학문으로, 전통적으로는 자연학(physike, physica)이라고 불렸다. 그의 스승 플라톤과는 달리 아리스토텔레스는 천문학에 한정하지 않고, 현실세계에 대한 현상의 연구를 중시했다.

아리스토텔레스는 고대의 학문을 집대성한 인물이었다. 따라서 그의 자연학도 그보다 앞선 자연철학에 힘입은 바가 컸다. 예를 들어, 아리스토텔레스는 만물의 요소를 불, 공기, 흙, 물의 넷으로 보았는데, 이것은 엠페도클레스와 유사하다. 아리스토텔레스는 이 네 가지 요소(원소)가 냉온과 건습이라는 성질의 조합에서 발생한다고 보았다. 차갑고 건조한 것은 흙, 차갑고 습한 것은 물, 따뜻하고 마른 것은 불, 따뜻하고 습한 것은 공기이다. 냉과 온이라는 성질(형상, eidos, forma)은 변화될 수 있기 때문에 네 원소는 서로 전환될 수 있다. 그것들의 바탕이 되는 근본의 소재(질료, hyle, materia)는 존재하지만 우리가 지각할 수는 없다.

아리스토텔레스의 천문학은 플라톤의 연장선상에 있으며 동시에 에우독소스의 동심천구설을 개량한 것이다. 그의 개량은 바깥 쪽 천구가 안 쪽 천구의 운동에 영향을 미치지 않도록 양자 사이에 역방향으로 움직이는 천구를 추가한 것이다. 이것에 의해 천구의 총계는 56개가 되었다. 그것은 개량이라기보다는 매우 복잡해진 것이라고 볼 수 있다.

아리스토텔레스의 천문학이 가진 특징은 우주의 구조를 네 가지 원소 등과 연결시켰다는 것이다. 그는 우주를 달 위의 세계와 달 아래 세계로 구분했다. (달은 천계에 속한다). 각각을 천상계와 월하계라고 부른다면, 월하계는 불, 공기, 흙, 물의 네 가지 원소가 만드는 생성과 소멸의 세계이다. 불과 공기에는 위로 올라가는 성질이, 물과 흙에는 중심(아래)으로 향하는 성질이 있다. 이에 비해 천상계는 생성과 소멸이 없는 세계로, 에터라는 제5의 특별한 원소로 되어 있다. (제5원소). 우주의 가장 외곽은 신들이 사는 곳이었다. 천상계와 월하계는 운동(위치운동)의 면에서도 서로 구별되었다. 천상계를 만드는 에터는 원운동한다. 원운동은 시작도 끝도 없는 완결된 운동이다. 이에 비해 월하계의 운동은 직선운동이다. 불과 공기가 위로, 물과 흙이 아래로 운동하는 것은 그 본성을 따르는 자연스러운 운동이다. 그러나 그밖의 운동은 강제적인 운동이다. (자연운동과 강제운동). 강제운동의 속도는 더해진 힘에 비례하고, 매체의 저항력에 반비례한다고 생각되었다. 그것은 진공이 존재하지 않는 이유 중의 하나로 받아들여졌다. 진공은 저항력이 없기 때문에 물체의 운동 속도는 무한대가 되어버리기 때문이다.

자연학 중에서 아리스토텔레스가 열정을 쏟은 분야는 생물학이었다고 한다. 그가 고래를 포유동물로 보았다는 것은 널리 알려져 있다. 그가 쓴 내용들 중에는 19세기가 되어서야 마침내 옳바

름이 인정된 것들도 있다. 아리스토텔레스는 520종 이상의 동물을 관찰했다. 그는 관찰을 중시했을 뿐만 아니라, 보조수단으로써 해부의 필요성 또한 강조했다. 아리스토텔레스가 동물을 실제로 해부한 것은 확실하다고 여겨지고 있다. 생물학은 당시의 수준에서도 관찰이 유효한 분야였으며, 경험을 중시하는 의사의 아들로서 그가 이 분야에 관찰을 활용한 것은 자연스러운 일이었는지도 모른다.

2.4 알렉산드리아의 과학

플라톤이나 아리스토텔레스가 활약했던 시기는 그리스 폴리스들의 몰락기였다. 폴리스들은 마케도니아왕의 지배하에 들어갔다. 마케도니아의 알렉산도로스 대왕은 원정에 의해 대제국을 건설했다. 헬레니즘이 도래한 것이다. 그의 갑작스러운 죽음으로 붕괴되었던 알렉산도로스의 대제국은 그의 장군들에 의해 세 지역으로 분할되었다. 그리고 그리스의 학술은 이집트의 알렉산드리아로 계승되었다.

알렉산드리아의 학문을 뒷받침한 것은 무세이온이라는 일종의 학술연구소였다. 그 기관은 이집트를 지배하게 된 프톨레마이오스 왕조가 학술을 진흥하기 위해 설립한 것이다. 무세이온에는 약 50만권의 장서를 가진 대도서관이 세워졌고, 천문관측소, 동식물원, 학자들을 위한 공동식당 등이 설립되었다고 한다.

무세이온에 소속된, 또는 어떤 형태로든 관련된 것으로 추정되는 학자들 중에는 역사에 이름을 남긴 인물들이 다수 보인다. 무세이온의 도서관장이자 지리학자이며 관측에 의해 지구의 둘레를 계산한 것으로 유명한 에라토스테네스, 인체를 처음으로 해부했다고 하는 헤로필로스, 기하학 책『원론』으로 알려지는 에우클레이데스, 원추곡선론의 아폴로니우스, 그리고 아르키메데스 등이다.

무세이온의 학자들은 이론뿐만 아니라 실제적인 연구에도 폭넓은 관심을 가지고 있었다. 그것은 아르키메데스에게서 명확히 드러난다. 아르키메데스는 시칠리아섬의 시라쿠사 출신으로 알렉산드리아에 유학했다고 알려진다. 시라쿠사의 히에론 왕이 자신이 만들도록 했던 황금 왕관에 불순물이 섞여 있는지 확인하도록 아르키메데스에게 의뢰했을 때, 그가 아르키메데스의 원리를 발견했다는 일화는 유명하다. 그는 또 시라쿠사와 로마 간의 전쟁에서 보병을 공격하는 투석기나 군함을 공격하는 크레인 형태의 기계 등을 제작하여 적을 괴롭혔다. 그의 수학에는 특색이 있었는데, 실제적인 수법 등으로 답을 먼저 얻은 후에 그것을 엄밀하게 증명하는 방식을 취했다. 그 같은 방법은 근대과학의 형성기에 영향을 미쳤다.

● 학습과제

알렉산드리아의 과학자들 중에서 흥미가 있는 인물 한 사람을 선택하여 조사해보자.

◆ 참고문헌

- 平田寛,『科学の起源·古代文化の一側面』, 岩波書店, 1974年. (히라타 유타카,『과학의 기원·고대문화의 일측면』, 이와나미서점, 1974.)

  4대 문명기부터 고대 로마까지의 과학을 다룬 매우 뛰어난 통사이다. 기술과 연금술을 포함한 테마를 다루었다. 신판은 나오지 않았기 때문에 도서관 등에서 구판을 참조하기를 권한다.

- 坂本賢三,『科学思想史』, 岩波全書, 1984年. (사카모토 켄조,『과학사상사』, 이와나미전서, 1984.)

  신판이 간행되지 않은 이 책도 과학사상의 흐름을 4대 문명에서부터 20세기까지 밀도있게 정리하고 있다.

- Kuhn, T. S. *The Copernican Revolution: planetary astronomy in the development of Western thought* (Cambridge: Harvard University Press, 1957). トーマス·クーン,『コペルニクス革命』, 講談社学術文庫, 1989年.

  고대의 지구중심설부터 근대적 태양중심설의 탄생 과정까지를 자세히 설명한 책이다. 패러다임론으로 유명한 쿤의 초기 저서이다.

- Lloyd, G. E. R. *Early Greek Science: Thales to Aristotle* (New York: Norton, 1970). G·E·R·ロイド,『初期ギリシャ科学』, 法政大学, 1994年.

- Lloyd, G. E. R. *Greek Science after Aristotle* (New York: Norton, 1973). G·E·R·ロイド,『後期ギリシャ科学』, 法政大学, 2000年.

  상권은 이오니아의 자연철학에서부터 아리스토텔레스까지를, 하권은 아리스토텔레스 이후 그리스 과학의 요점을 잘 정리하고 있다. 쉽게 이해할 수 있는 내용이지만, 학문적 수준은 상당히 높다.

- Katz, Victor J. *A History of Mathematics* (New York: Addison Wesley, 1998). ヴィクター·J·カッツ,『カッツ·数学の歴史』, 共立出版, 2005年.

  주로 교육 현장을 염두에 둔 서양수학사의 표준 텍스트이다. 고대에 대해서도 상세히 다루고 있다. 하지만, 책값이 비싼 편이다.

3 기술의 시작

〈이 장의 학습목표 & 포인트〉 석기시대부터 로마시대까지의 서구 기술사를 대략적으로 이해하고, 고대세계의 기술이 가진 특징을 생각한다. 또 고대 그리스·로마의 책들에서 기술이 어떻게 다루어졌는가를 알아본다.

〈키워드〉 기술과 인간, 그리스·로마의 기술, 기술서, 고대의 기술관

3.1 기술의 시작과 인류의 기원

벤저민 프랭클린은 「사람은 도구를 만드는 동물이다」고 말했다. 또 프랑스의 철학자 앙리 베르크손(Henri Bergson, 1859-1941)은 사람의 특징을 도구적 인간(호모 파베르, Homo faber)이라고 보았다. 둘 다 기술을 사람의 본질로 보는 주장이다. 현재까지의 연구에 의하면, 침팬지 등도 간단한 도구를 만들고 그것을 사용한다. 그러나 사람만큼 도구를 발달시킨 생물은 없다. 그런 의미로 언어나 종교 등과 함께 기술은 사람에게 매우 본질적인 것이라고 생각된다. 직립보행하게 된 사람은 손이 자유로워졌으며 물건을 본격적으로 가공할 수 있게 되었다.

인류도 처음에는 현재의 침팬지처럼 원초적인 도구를 사용했을지 모른다. 그 인류가 사용한 최초의 본격적인 도구는 석기였다.

초기의 석기는 돌을 부수어 만든 타제석기였다. 그 중에서도 돌의 한 모퉁이를 깨뜨린 역석기(礫石器)라는 원시적인 석기가 사용되었다. 최고의 역석기는 지금부터 약 250만 년 정도 이전의 것으로 알려진다. 근래의 연구에 따르면, 직립보행을 시작한 인류는 450만 년 전에 등장했기 때문에 인류가 걷기 시작한 뒤 도구를 사용하기까지는 대략 200만 년 정도의 시간이 걸린 셈이다. 역석기보다 발달한 타제석기를 사용하게 된 것은 150만 년 전 원인의 시대였음을 생각할 때, 석기의 진보는 매우 느렸다는 것을 알 수 있다. 덧붙이자면 불을 처음 사용한 인류도 원인이었다.

인류의 그 다음 비약은 농경과 목축을 시작한 기원전 7000년경이었다. 이보다 앞선 약 1만 년 전에 마제석기(磨製石器)가 만들어졌다. 전에는 마제석기의 등장을 신석기시대의 출발로 보았다. 현재는 마제석기의 등장부터 농경과 목축이 시작된 시기까지를 중석기시대라고 부르고, 농경과 목축이 개시된 이후의 시기를 신석기시대라고 부르는 경우가 많다. 어찌되었든 농경과 목축의 시작은 인류사의 전환점이었는데, 영국의 고고학자 고든 차일드(Gordon Childe, 1892－1957)는 이것을 「신석기혁명」이라고 불렀다.

농경과 목축은 문명 발달의 필수조건이다. 실제로 농경은 수렵 채집의 10배에서 100배의 인구를 먹여 살린다고 한다. 이것에 의해 도시나 국가를 형성할 기반이 구축되었고, 4대 문명의 발생이 가능해졌던 것이다. 인구의 증가는 계급사회의 등장 배경이기도 했다.

문명의 여명기는 청동기시대와 거의 시작을 같이 한다. 돌과 비교할 때 금속은 자유로운 형태로 가공할 수 있고, 내구성에도 뛰어나기 때문에 금속의 발달은 인간의 삶을 진보시켰다. 도구의 소재 변화가 인류사에 큰 영향을 미쳤던 것이다. 따라서 19세기 전반의 고고학자 크리스천 톰센(Christian J. Thomsen, 1788–1865)은 도구로 사용하던 소재를 기준으로 인류사를 구분했다. 모국 덴마크의 발굴물을 전시하기 위해 정리하던 차에 그는 석기시대, 청동기시대, 철기시대라는 구분을 시도했다.

고대 기술사의 권위자인 네덜란드인 포르베스(Robert James Forbes)는 최고의 전문 직인이란 금속을 다루는 직인이라고 보았다. 금속의 생산은 당시까지의 도구와는 달리, 전문적 지식이 필요했기 때문이다.

문명의 발달은 대규모의 토목공사를 가능하게 했다. 고대 이집트나 메소포타미아의 중앙집권적 권력은 대규모의 관개를 널리 시행했다. 예를 들어, 메소포타미아에는 관개 운하나 경작지의 상황을 알 수 있는 점토판이 남겨져 있다. 그것은 역사의 아버지라고 불리는 그리스의 헤로도토스(BC 5세기)를 놀라게 했던 것으로, 메소포타미아의 부유한 농업의 기반이 되었다.

그러나 한편으로는 다소 당혹스럽다고 하지 않을 수 없는 대규모 공사도 행해졌다. 이집트의 고왕국기(BC 27–22세기)에 다수 세워진 거대한 피라미드가 그 예이다. 종교적인 의의, 권력의 과시, 또는 농휴기의 일의 창출 등 다양한 설명이 가능한데, 최대의 피라미드인 쿠푸왕의 피라미드는 밑변 230미터, 높이 146미터의 거대한 건조물이다. 평균 2.5톤 무게의 돌을 230만 개 가량 쌓은 피라미드는 밑변의 오차가 20센티밖에 안될 정도로 정밀하다고 한다. 현재의 시각에서 볼 때, 이 정도로 거대하고 정밀한 공사가 반드시 필요했는지를 묻지 않을 수 없다. 지금은 신빙성이 낮은 증언으로 받아들여지지만, 헤로도토스는 이 피라미드의 건설에 약 10만 명 정도의 노예가 20년간 동원되었다고 지적했는데, 그것도 결코 납득할 수 없는 이야기는 아닌 것 같다.

20세기 미국의 기술문명사가 루이스 멈퍼드(Lewis Mumford, 1895-1990)는 저서 『기계의 신화』(*The Myth of the Machine*, 1971)에서 이런 종류의 「낭비」를 메가머신(강대한 권력)이 좋아하는 메가테크닉(거대기술)이라고 불렀다. 그것이 옳은지 그른지를 떠나 신석기혁명 이후 인류의 기술 발달은 그 이전과는 비교할 수 없을 정도의 규모와 속도로 진행되었던 것이다.

3.2 로마의 기술

앞 절에서는 그리스시대 과학의 발전을 상세하게 살펴봤는데, 과학사·기술사의 연구자들은 그리스는 과학에 뛰어났고 로마는 기술에 뛰어났다고 말하는 경우가 많다. 물론 그리스의 기술도 무시할 수 있는 것이 아니다. 예를 들어, 도리아식, 이오니아식, 코린트식 등 그리스의 건축양식은 로마시대에 영향을 미쳤다. 이런 건축양식은 현재 고등학교의 세계사 교과서에도 등장할 정도이다. 그러나 로마의 장점은 역시 체계적인 대규모 토목공사였다. 그 대표는 로마시대의 도로망이나 수도의 정비일 것이다.

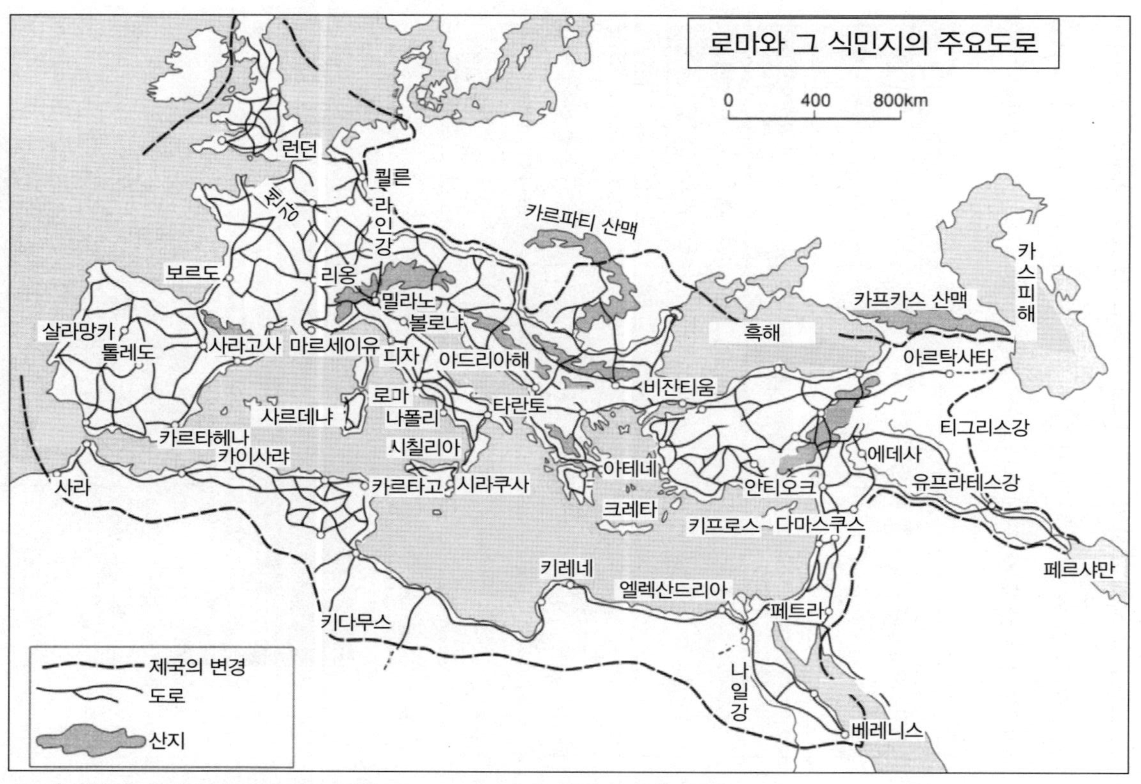

〈그림 3. 1〉 고대 로마의 가도망 (출처: シンガー, 『技術の歴史』, 제4권, 448쪽.)

로마가 이탈리아반도를 통일한 것은 기원전 3세기 후반이었다. 로마의 도로 정비는 이에 앞선 기원전 312년 로마의 켄소르(감찰관)였던 아피우스 클라우디우스에 의해 착수되었다. 로마와 카푸

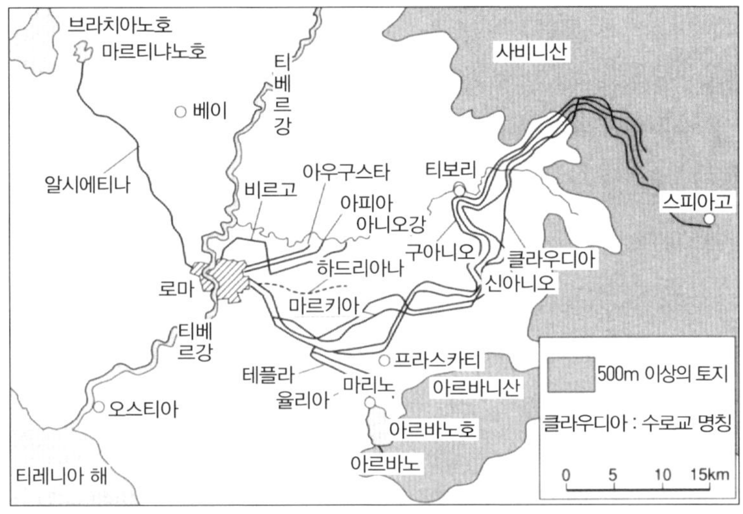

〈그림 3. 2〉 로마의 수도 (출처: シンガー, 앞의 책, 584쪽.)

〈그림 3. 3〉 로마 교외에 남아 있는 고대의 수도

(출처: 저자가 직접 촬영)

아 사이의 약 200킬로미터를 연결하는 유명한 아피아가도가 그것이다. 아피아가도를 포함한 로마의 길은 당초 군사적인 목적으로 건설되었다. 그것은 공무원이나 군대의 통로로서 로마의 광대한 영토를 지배하는데 도움이 되었다. 40－50킬로미터마다 숙소와 역이 세워졌고, 간선도로는 포장되었다. 가도는 고대 로마가 확대됨에 따라 유럽 전체를 연결하게 되었다. 3세기의 기록에 의하면, 주요 간선 372개, 총 길이는 약 8만 킬로미터에 이르렀다. (그림 3.1).

기원전 312년 로마시의 수도도 아피우스 클라우디우스에 의해 건설되었다. (그림 3.2). 그리고 500년 뒤인 3세기에는 총 11개, 길이는 도합 480킬로미터에 이르렀다. (그림 3.3). 총급수량은 하루 100만 입방미터였다고 한다. 수도의 시스템은 그에 앞선 그리스시대에도 존재했다. 로마의 수도가 가진 특징은 그 규모와 완성도에 있었다. 아치를 사용한 수도교도 로마의 새로운 건축물이었다. 수도는 스페인, 프랑스 등 로마의 식민지 각지에도 건설되었다. 예를 들어, 프랑스의 님과 아비뇽 사이의 가르 강에 놓여진 수도교 퐁 뒤 가르(Pont du Gard)는 높이 약 50미터, 길이 약 275미터의 거대한 시설이다. 현존하는 이 수도교는 세고비아에 남아있는 로마의 수도와 함께 세계유산에 등재되어 있다.

3.3 책에서 본 고대의 기술

이 같은 로마의 뛰어난 기술은 당시의 책에도 기록되어 있다. 로마시의 수도에 관한 자세한 상황은 97년에 급수위원으로 임명된 로마의 정치가 프론티누스(Sextus Julius Frontinus, 40-103)의 『수도서(*De aquaeductu*)』에서 볼 수 있다. 이 책은 주로 수도관리의 입장에서 씌어진 것으로, 각 수도의 수질이나 급수량의 견적, 취수 노즐의 규격이나 설치법, 물의 부정취득, 수도의 보존 상태 등을 알 수 있다.

한편, 수도의 기술적 측면은 비트루비우스(Vitruvius)의 『건축서』(*De architectura*)에 자세히 나와 있다. 수원의 선택, 도기·청동·납 수도관에 의한 급수, 도랑으로 물을 흘려보낼 경우의 수로의 기울기, 기울기의 측정 장치 등을 다루고 있다.

『건축서』는 기원전 1세기에 씌어진 것으로, 『수도서』보다 앞선다. 저자인 비트루비우스는 건축가이자 기술자였다고 하는데, 그 생애는 자세히 알려져 있지 않다. 표 3.1에서 알 수 있듯이, 이 책

〈표 3. 1〉 비트루비우스 『건축서』 각 권의 개요.

권	개요
제1권	건축가의 소양, 건축의 기본적 요소, 건축의 부문, 도시의 건설
제2권	인류 문화와 건축의 역사적 기원, 건축 소재(벽돌·시멘트·석재·목재), 벽돌 쌓기
제3권	신전의 건축(형식과 기둥의 배치, 이오니아식 건축 등)
제4권	신전의 건축(도리아식, 코린트식 건축 등)
제5권	공공의 건축물(포럼, 극장, 목욕탕, 체육관, 항구 등)
제6권	개인을 위한 건축물(방향, 방의 배치, 안마당, 식당, 침실, 가장의 방 등)
제7권	마지막 공정에 대해서(마루, 천장, 덧칠, 벽화, 안료)
제8권	우물과 수도
제9권	시계
제10권	기계류와 그 원리

〈그림 3. 4〉 아르키메데스의 나선식 펌프

(출처: 平田寛, 『図説 科学·技術の歴史』, 朝倉書店, 50쪽.)

은 일본어역의 제목처럼 건축을 주제로 한다. 그러나 원래의 제목인 architectura라는 단어는 직인의 머리라는 말에서 파생한 것으로, 건축 이외의 기술을 논하고 있는 부분도 있다. 예를 들어, 제10권에서는 크레인, 수차, 쇠뇌, 전차 등 기계류를 취급하고 있다. 제9권과 10권에서는 물을 다루는 기계적 고안이 등장한다. 양수장치로서 여기에 언급되고 있는 나선은 보통 아르키메데스가 발견한 것으로 알려져 있다. (그림 3.4).

또 알렉산드리아의 크테시비오스(기원전 3세기)에 의한 물시계, 소방펌프, 수력 오르간도 이 부분에 소개되고 있다.

크테시비오스의 소방펌프나 수력 오르간은 1세기경 알렉산드리아에서 활약했던 헤론(제2장 표 2.1 참조)의 저작 『기체학』에 수록되어 있다. 이 책에는 원시적인 터빈이나 제단에 점화하면 문이 자동으로 열리는 신전의 기록도 있다. (그림 3.5와 3.6). 이것들은 오락적인 요소가 강한 것으로, 생산성의 향상과 같은 실용을 염두해 둔 것이 아니다. 노예가 충분했던 고대사회에서는 힘의 절감에 대한 요청이 반드시 크지는 않았다. 그 때문에 실제로 사용된 기계는 수차 정도로 한정되었다. 그 수차 또한 밀의 제분에 제한적으로 사용되었다. 그렇다고 해도 크테시비오스, 아르키메데스 등이 활약했던 헬레니즘기의 알렉산드리아에서는 비교적 실용을 중시했다고 한다. 기계를 다룬 헤론의 책은 그 흔적을 남기고 있다고 볼 수 있다.

헬레니즘보다 앞선 고대 그리스의 저작에는 기술에 대한 부정적인 기록이 보인다. 예를 들어, 소크라테스의 제자이자 군인이던 크세노폰은 저서 『가정학』에서 수작업을 천한 것으로 보았다. 당시의 아테네인들은 에르가스테리온이라는 수작업 제작장에서

〈그림 3. 5〉 원시적인 터빈 노즐로부터 증기를 분사하며 회전한다.

(출처: ロイド, 『後期ギリシア科学』, 165쪽.)

〈그림 3. 6〉 신전의 자동문. 제단의 불이 열을 발생시키고, 그것으로 바로 밑 수조 안의 물이 배출됨으로써 문이 움직인다.

(출처: 같은 책, 164쪽.)

노예를 부려 도기제작, 구리세공, 목공 등의 일을 하도록 했다. 손을 더럽히는 기술은 노예의 일이었다. 아리스토텔레스의 책에도 기술에 대한 언급이 있다. 그는「기술은 참된 이성을 동반해서 (무엇인가를 제작할 수 있는) 제작적 품성상태」(『니코마코스 윤리학』)라고 하여 기술의 장점을 인정했다. 한편, 그는「제작적인 지식보다도 관조적인 지식이 더 많은 지혜를 담고 있다」(『형이상학』)라고 했다. 즉, 기술보다도 관조 즉 과학을 포함한 이론적인 것에 높은 지위를 부여한 것이다. 그것은 노동을 경시하고,「한가」(schole)를 중시한 폴리스 시민들의 태도를 반영한 것인지도 모른다.

● 학습과제

로마시대의 가도나 수도에 대해서 인터넷으로 조사해보자. (검색 키워드의 보기: 아피아가도, 퐁 뒤 가르 등).

◆ 참고문헌

- Singer, Charles et al., eds. *A History of Technology*, 5 vols, (Oxford: Oxford Universioty Press, 1954－58). チャールズ·シンガー他編, 『技術の歴史(増補版)』, 筑摩書房, 全14巻, 1978－81年.
- 伊藤俊太郎他, 『科学史技術史事典』, 弘文堂, 縮刷版, 1994年. (이토 슌타로 외, 『과학사 기술사 사전』, 홍문당, 축쇄판, 1994.)

  앞의 책은 기술사의 바이블적인 통사이며, 뒤의 책은 과학사, 기술사에 대해서 조사할 때 편리한 사전이다. 도서관에서 두 책 모두 참조하기 바란다.

- 平田寛, 『科学の起源·古代文化の一側面』, 岩波書店, 1974年. (히라타 유타카, 『과학의 기원·고대문화의 일측면』, 이와나미서점, 1974.)
- Lloyd, G. E. R. *Greek Science after Aristotle* (New York: Norton, 1973). G·E·R·ロイド, 『後期ギリシャ科学』, 法政大学, 2000年.

  이상 두 책에 대해서는 제2장의 설명을 참조하기 바란다.

- 藤原武, 『ローマの道の物語』, 原書房, 1985年. (후지와라 다케시, 『로마의 길 이야기』, 원서방, 1985.)
- 今井宏著訳, 『古代のローマ水道』, 原書房, 1987年. (이마이 히로시 역저, 『고대 로마의 수도』, 원서방, 1987.)

  각각 로마의 가도와 수도에 대해 자세히 설명하고 있다. 후자는 프론티누스의 책 『수도서』의 일본어역을 담고 있다.

- Marcus Vitruvius Pollio. *De architectura*.『ヴィトルーウィウス建築書』, 東海大学出版会, 1979年.

  로마시대의 주요한 기술서인『건축서』의 일본어역이다. 비교적 싼 값에 살 수 있다. (타이틀의 책 명은 라틴어의 공식 발음표기를 취하고 있기 때문에 보통과는 다르다.)

4

과학혁명

〈이 장의 학습목표 & 포인트〉 16, 17세기에 일어난 고대과학에서 근대과학으로의 전환, 「과학혁명」에 대해 천문학을 예로 들어 공부한다. 코페르니쿠스에서 출발하여 뉴튼에서 완성된 지구중심설로부터 태양중심설로의 코페르니쿠스 혁명이 왜 어떻게 일어났는지를 생각한다.

〈키워드〉 프톨레마이오스, 소원, 대심, 태양중심설, 코페르니쿠스, 코페르니쿠스 혁명, 티코, 케플러

4.1 과학혁명이란 무엇인가?

제2장에서는 고대 그리스의 과학에 대해 논했다. 그 집대성인 아리스토텔레스의 과학은 근대 이후의 과학과는 크게 달랐다. 예를 들어, 아리스토텔레스는 우주의 중심에 지구를 놓고, 그 주위를 태양과 달, 다섯 개의 행성, 그리고 항성을 실은 천구가 회전한다고 생각했다. 달 아래 세계는 네 개의 원소(불, 공기, 흙, 물)로 이루어진 생성 소멸하는 세계였다. 그에 비해 천상계는 제5원소(에터)로 이루어졌고 변화가 없는 완전한 세계였다. 그 예외는 천체의 원운동이라는 「변화」 뿐이었다. 말할 것도 없이 오늘날 지구중심설은 부정되었고, 태양의 주위를 지구가 회전한다는 태양중심설이 옳은

것으로 받아들여지고 있다. 다수의 항성들 중에서 하나에 불과한 태양도 은하계의 중심 주위를 회전하고 있다. 은하도 또한 무수히 존재한다. 지구중심설과 다르게 우주에는 항성 천구와 같은 한계는 없다. 이 우주를 채우는 물질은 무수한 원자로 구성된다.

고대의 과학으로부터 이 같은 근대적 과학으로의 전환은 16세기에 시작되어 17세기에 전성기를 누렸다. 과학사의 분야에서는 이 사건을 「과학혁명」이라고 부른다. 그 시발점은 16세기 이후 지구중심설에서 태양중심설로의 전환을 추동했던 「코페르니쿠스 혁명」이었다. 「코페르니쿠스 혁명」은 세계관의 대전환이었다. 철학자 칸트는 인식론의 분야에서 자신이 이룬 업적을 「코페르니쿠스적 전환」이라 칭하고, 그것을 그 혁명에 비교했다.

과학혁명에서 변화한 것은 하늘이나 원소에 대한 생각만이 아니었다. 이 책에서 자세히 다룰 수는 없지만, 의학에서도 큰 변화가 일어났다. 당시까지 혈액은 정맥이나 동맥을 통해 몸 곳곳에 보내지고 소비된다고 여겨졌다. 그러나 1628년 영국의 윌리엄 하비(William Harvey, 1578－1657)에 의해 혈액은 몸 내부를 순환한다는 시각이 확립되었다. (혈액순환설).

1939년에 과학혁명의 개념을 처음 제창했던 과학사 연구자 알렉상드르 코이레(Alexandre Koyré, 1892－1964)는 과학혁명을 과학의 역사상 중요한 단절이라고 해석했다. 그는 「17세기의 과학혁명」은 「그리스 사상에 의한 코스모스의 발명 이후 가장 중요하다고 볼 수는 없더라도, 매우 중요한 돌연변이」였다고 썼다. (『ガリレオ研究』, 원저, 1939년, 일본어역, 法政大学出版会, 1988년, 4쪽).

1949년 영국의 역사가 허버트 버터필드(Herbert Butterfield, 1900–79)는 과학혁명의 중요성을 과학의 역사에서뿐만 아니라 역사 전반의 대전환점으로 강조했다. 그는 과학혁명은「기독교의 출현 이후 다른 예를 찾아볼 수 없을 만큼 놀라운 사건으로, 그것과 비교하면 르네상스나 종교개혁도 중세 기독교세계에 대한 삽화적 사건이자 내부의 교대극에 지나지 않는다」(『近代科学の誕生』, 원저, 1949년, 일본어역, 講談社学術文庫, 上, 14쪽)고 썼다. 과학혁명은 서구가 세계의 지도적 지위를 차지하도록 만든 사건으로 받아들여졌다. 근대의 형성에 있어서 과학혁명이 르네상스나 종교개혁보다 중요하다는 버터필드의 시각은 최근 들어 지나친 과장이라고 지적되고 있다. 그러나 과학혁명이 과학의 역사상 큰 전환점이었다는 점은 부인할 수 없을 것이다. 아래에서는 코페르니쿠스 혁명을 예로, 그 전환의 실태를 살펴볼까 한다.

4.2 프톨레마이오스의 지구중심설

지구중심설을 태양중심설로 전환시킨 인물이 니콜라우스 코페르니쿠스(Nicolaus Copernicus, 1473–1543)였다는 것은 잘 알려져 있다. 그러나 그가 무너뜨린 지구중심설은 플라톤이나 아리스토텔레스의 동심천구적인 지구중심설이 아니었다. 그것은 2세기 무렵 프톨레마이오스가 개량했던 지구중심설이었다. 프톨레마이오스는 『수학적 종합』이라는 그리스어의 천문학 책에서 고대 그리스의 천문학을 진보시켰다. 이 책은 아랍어로 번역되어 후세에 전해졌기 때문에 보통 『알마게스트』(*Almagest*)라는 아랍어 제목으로 불렸다.

프톨레마이오스가 이끈 큰 개량 중의 하나는 소원(epicycle)을 고안한 것이다. 그 전의 지구중심설에는 심각한 결함이 하나 있었다. 동심천구의 지구중심설에서 각각의 천구는 지구에서 볼 때 항상 일정한 거리에 있다. 그러나 금성이나 화성의 광도 변화는 우리들이 일상적으로 체험하는 일이다. 이것은 행성과 지구 사이의 거리가 변화한다는 것을 시사한다. 이 같은 거리의 변화는 기원전 3세기에 이미 알려져 있었다.

이 현상을 설명하기 위해 프톨레마이오스는 행성이 종래의 천구상을 도는 것이 아니라, 이것에 추가된 원 위를 돈다고 생각했다. 종래의 주요한 천구는 대원(deferent)이라고 불렸고, 그 위에 소원이 놓여졌다. (그림 4.1⟨a⟩). 이심원(eccentric)의 운동과 소원의 운동이 합성되면, 행성은 고리 모양의 운동을 하게 된다. (그림 4.1⟨b⟩). 이것은 행성의 역행운동(제2장 그림 2.3 참조)과 광도의

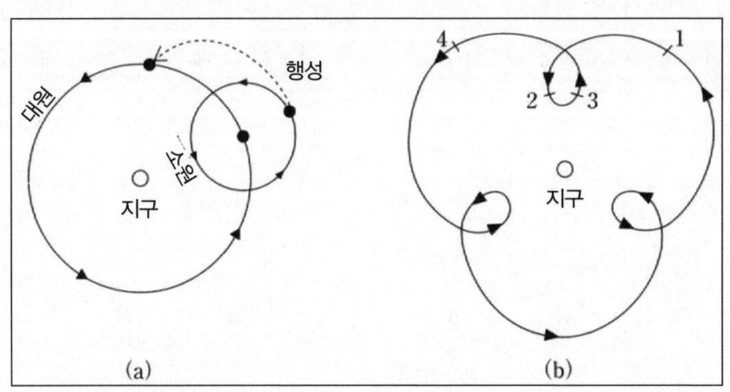

⟨그림 4. 1⟩ 프톨레마이오스의 소원과 대원의 체계

(출처: クーン, 『コペルニクス革命』, 講談社学術文庫, 95쪽에서 수정.)

변화를 동시에 설명해준다. 이 모델에서 행성은 순행에서 역행운동으로 전환할 때 지구에 접근한다. 실제로 행성은 역행할 때 밝아진다. 이처럼 프톨레마이오스는 천체의 운행을 원운동의 조합으로 설명하는 플라톤 이후의 그리스 전통에 따라 현상과 더 합치하는 이론을 발전시켰다.

프톨레마이오스는 관찰과 이론을 더 잘 일치시키기 위해 이심원과 대심(equant)이라는 것을 도입했다. 이심원(離心圓)이란 대원의 중심을 우주의 중심인 지구에서 조금 벗어나게 한 것이다. 그리고 대심은 천구 위 행성의 운동속도의 변화를 설명하기 위한 것으로, 운동의 각속도의 중심이 되는 가상적인 점이다. 그림 4.2에 이것들을 제시했는데, 여기서는 지구와 대심 사이에 이심원의 중심이 있다.

행성의 원운동의 중심은 지구가 아니라 이심원의 중심이다. 그러나 이심원의 중심은 운동속도의 중심이 아니고, 행성은 대심점에 대해서 일정한 각속도로 회전한다. 따라서 그림의 위부분에서 행성은 상대적으로 천천히, 밑부분에서는 빨리 운동하게 된다.

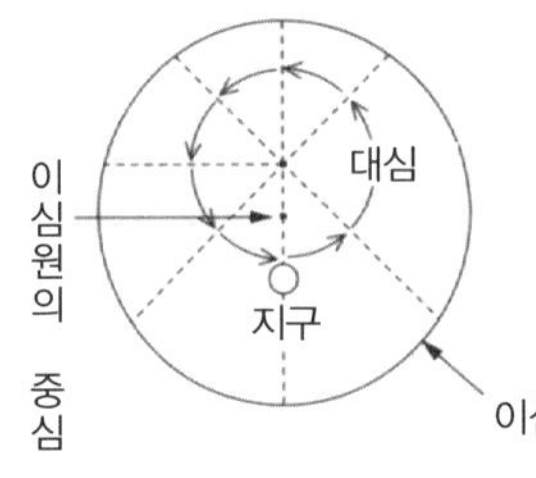

행성은 이심원의 중심이 아니라 대심에서 볼 때 일정한 속도로 운동하고 있다.

〈그림 4. 2〉 이심원과 대심

(放送大学テキスト·橋本毅彦,『物理科学史』, 50쪽.)

프톨레마이오스는 소원, 이심원, 대심을 교묘하게 조합시킴으로써 행성의 실제 운동을 매우 정확하게 설명하는 모델을 고안했다. 이러한 고안들 중 소원과 이심원에 대해서는 기원전 2세기의 아폴로니우스와 히파르코스라는 선구자가 있었다. 그들이 그것을 발전시켰던 것이다. 반면 대심은 프톨레마이오스 자신의 고안이었다. 그것은 뛰어난 고안이었지만, 한편으로는 위험한 것이기도 했다. 그 이유는 그것이 순수한 원운동을 조합하는 고대 그리스 이후의 전통에 부합하지 않았기 때문이다. 대심에 의한 운동은 일정한 원운동이라고 말하기 어려웠다.

프톨레마이오스의 『알마게스트』에는 흥미로운 점이 있다. 그것은 태양중심설의 가능성을 예견하고 있었던 점이다. 고대 그리스에도 일부였지만 실제로 태양중심설을 주장한 사람들이 있었다. 예를 들어, 피타고라스학파의 필로라오스(Philolaos)는 기원전 5세기 후반, 변칙적인 태양중심설을 주장했다. 그는 우주의 한 중앙에는 중심불이 있고, 그 주위를 지구, 달, 태양, 행성, 항성이 돌고 있다고 보았다. 이와는 달리 사모스의 아리스타르코스(Aristarchos)는 지구가 태양의 주위를 돈다는 태양중심설을 주장했다. 기원전 3세기에 활약했던 그의 이론은 동시대의 아르키메데스의 책 『모래알을 세는 사람』을 통해 알 수 있다. 그러나 태양중심설은 거의 지지를 얻지 못했다. 아르키메데스조차도 그 설을 비판하기 위해 언급했을 정도였다.

프톨레마이오스도 태양중심설에 반대했다. 그는 별의 운동을 생각하는 한에서는 태양중심설도 상관없을 뿐만 아니라 오히려 더 간단하기까지 하다고 말했다. 그의 비판의 초점은 태양중심설에 따르면, 지구가 동쪽으로 자전할 수 밖에 없고, 그런 자전운동은 문제를 일으킨다는 점이다. 지구가 자전하고 있다면, 자전에 의한 지표 운동이 매우 빠를 것이기 때문에, 공중에 떠 있는 구름이나 새, 위로 던져진 물체 등은 서쪽으로 날아가버릴 것이다. 그러나 그런 일들은 실제로 일어나지 않는다. 이 같은 비판은 관성 개념이 없었던 당시에는 당연한 것이었다.

프톨레마이오스의 지구중심설은 지구중심설의 완성형이었다. 그러나 고대의 과학이 쇠퇴하자, 프톨레마이오스의 『알마게스트』는 잊혀져 버렸다. 대신 그것은 당시 문명이 고도로 발달했던 아랍세계로 전해졌다. 서구에서는 12세기가 되자 아랍어로부터 『알마게스트』의 라틴어역이 두 차례나 만들어졌다. 하지만 내용이 어려웠던 관계로 그 책은 널리 퍼지지 못했다. 번역들 중의 하나가 인쇄본으로 출판된 것은 1515년경이었다. 1528년 전후가 되자 그리스어의 원서로부터 직접 라틴어로 번역된 인쇄본도 출판되었다. 그것들은 마침 코페르니쿠스가 태양중심설을 주장하던 시기의 것이었다.

4.3 코페르니쿠스의 태양중심설 탄생

니콜라우스 코페르니쿠스는 1473년 현재의 폴란드에 위치한 토룬에서 태어났다. (그림 4.3). 토룬은 상업도시로 코페르니쿠스의 아버지는 그 도시의 유복한 상인이었다. 그러나 코페르니쿠스가 열살 때 아버지가 죽었기 때문에, 그는 외숙부의 보호를 받았다. 그 외숙부는 바르미아에서 사교직에 있던 유력한 성직자였다. 코페르니쿠스는 크라쿠프에 있는 폴란드 최고의 야기에워대학에서 공부했다. 그는 그 시기에 이미 천문학에 흥미를 느끼고 있었다. 대학을 졸업하고나서는 외숙부의 후원으로 성직자(성당 참사회원)가 되었다.

코페르니쿠스는 비스와 강변의 도시 토룬에서 태어났고, 바르미아 사교구에서 성직자로 활약했다.

〈그림 4. 3〉 코페르니쿠스 관련 지도

(출처: 高橋憲一,『コペルニクス·天球回転論』, みすず書房, 146쪽.)

코페르니쿠스는 1497년 교회법을 공부하기 위해 이탈리아의 볼로냐대학에 유학했다. 당시 볼로냐대학의 천문학 교수는 도메니코 마리아 노바라(Domenico Maria Novara, 1454-1504)였는데, 그는 『알마게스트』의 부흥에 노력한 레기오몬타누스의 제자였다. 코페르니쿠스는 노바라와 함께 살았고, 그의 조수이자 관측의 증인으로 일했다고 한다. 고향에 일시 귀국한 뒤 코페르니쿠스는 다시 이탈리아의 파도바대학에서 2년간 공부했다. 그 뒤 리즈바르크, 프롬보르크 등에서 일했고, 바르미아 사교구를 거의 벗어난 적이 없었다.

코페르니쿠스의 태양중심설은 1510년경 「코멘타리올루스」라는 초고로 씌어졌다. 그것은 출판되지 않았지만, 사람들에게 점점 알려지게 되었다. 코페르니쿠스가 태양중심설을 자신의 책 『천구의 회전에 대하여』(전6권)로 출판한 것은 1543년이었다. 출판은 그의 주장에 흥미를 느낀 젊은 천문학자 레티쿠스(Rheticus, 1514-74)의 권고에 의한 것이었다. 그러나 그 책이 인쇄되어 코페르니쿠스에게 도착한 것은 그가 70살로 죽던 해였다.

출판된 『천구의 회전에 대하여』에는 저자의 뜻에 반하는 내용이 포함되어 있었다. 그것은 오지안더(Andreas Osiander, 1498-1552)라는 신학자가 추가로 쓴 부분이었다. 코페르니쿠스 자신이 쓴 서론과는 별도로 글쓴이의 이름이 없는 서론이었다. 레티쿠스에게 의뢰받은 오지안더는 인쇄 감독을 담당했다. 서론에서 그는 코페르니쿠스의 태양중심설은 관측과 합치되는 계산을 가설로 제시한 것에 불과하다고 썼다. 오지안더는 그것을 이른바 「현상을 구하기」 위한 가설로 규정함으로써 태양중심설에 대한 외부의 비판을 피하고자 했다.

코페르니쿠스 자신도 철학자나 신학자의 반대를 불러올 것을 염려하여 태양중심설의 출판을 주저하고 있었다. 그러나 코페르니쿠스는 『천구의 회전에 대하여』에서 태양중심설을 가설이 아니라 실제라고 썼다. 오지안더의 서문이 인쇄된 것을 보고, 레티쿠스는 물론 코페르니쿠스와 가깝게 지냈던 친구도 격노했다고 한다.

코페르니쿠스가 『천구의 회전에 대하여』의 제1권에서 제시했던 우주는 그림 4.4와 같은 것이다. 현재의 태양중심설과 마찬가지로 태양이 중심에 놓여있고, 그 주위를 행성들이 수성, 금성, 지구, 화성, 목성, 토성의 순서로 돌고 있다. 달은 지구 둘레를 회전하고 있다. 그것은 오늘날의 태양중심설과 같은 것으로 보인다.

그러나 코페르니쿠스의 태양중심설은 최초의 근대적 태양중심설이었던 관계로 약점을 갖고 있었다. 첫째, 그는 우주가 유한한 것이라고 생각했기에 그 끝에는 항성을 실은 천구가 있다고 보았다. 둘째, 천구를 실재하는 것으로 생각했고, 행성은 그 단단한 천구에 실려 움직인다고 보았다. 셋째, 천구의 운동은 원운동이라고 생각했다. 행성의 실제 운동은 타원운동이지만, 그것을 원운동이라고 보았던 점에서 코페르니쿠스는 고대 그리스의 전통에서 벗어나지 못했다. 그리고 네 번째의 약점은 그가 『천구의 회전에 대하여』의 제1권에서는 그림 4.4와 같은 단순한 태양중심설을 제시하면서도 제2권 이하의 부분, 즉 정량적인 논의에서는 이심원이나 소원 등 프톨레마이오스의 고안들을 채용했다는 점이다.

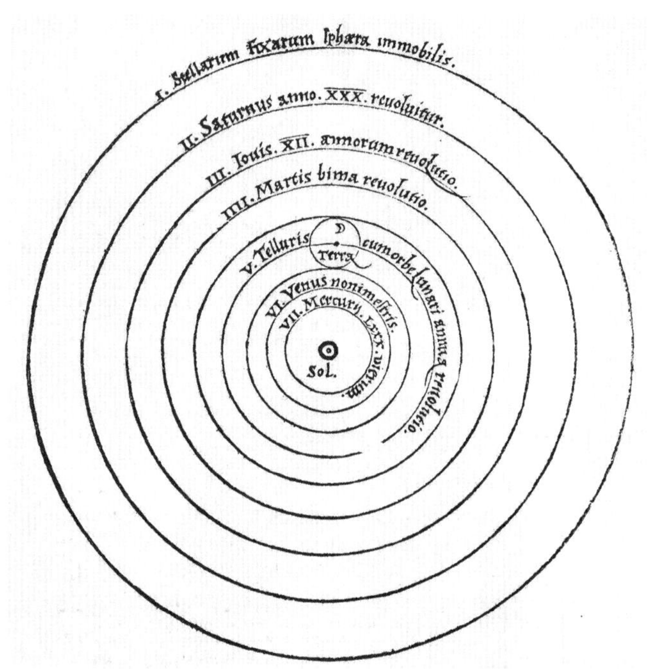

Ⅰ. 부동의 항성천구. Ⅱ. 토성은 30년에 1회전한다. Ⅲ. 목성의 주기 12년의 회전. Ⅳ. 화성의 2년 주기의 회전. Ⅴ. 달의 천구를 동반한 대지의 연주 회전(●지구, ☽달). Ⅵ. 금성은 6개월에 1회전. Ⅶ. 목성은 80일에 1회전한다. ⊙태양.

〈그림 4. 4〉 코페르니쿠스의 태양중심설

(출처: 앞과 같은 책, 39쪽.)

그가 그린 천구는 총 49개로, 프톨레마이오스의 것보다 많았다고 한다. 정성적인 논의와는 달리, 실제의 천체운동에 관한 설명은 복잡했다. 그러나 코페르니쿠스의 태양중심설에 의해 계산된 천체 운동의 정확성은 프톨레마이오스의 이론에서 나온 것을 넘어섰다.

그림 4.5는 하버드대학의 뛰어난 천문학자이자 과학사학자

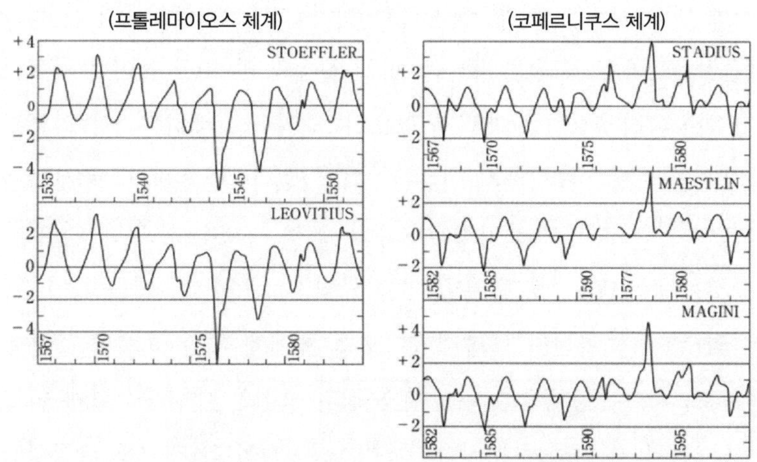

〈그림 4. 5〉 지구중심설과 태양중심설에서 화성의 위치 예측의 오차
(출처: 앞과 같은 책, 191쪽.)

오윈 깅그릭(Owen Gingerich, 1930－)이 화성의 운동에 대해 프톨레마이오스 체계와 코페르니쿠스 체계에 의한 천문표를 비교한 것이다. 16세기에 출판된 데이터를 사용하여 행성이 실제의 위치에서 벗어난 각도를 보여주고 있다. 왼쪽 두 개가 프톨레마이오스의 체계를 채용한 천문학자, 오른쪽 세 개가 코페르니쿠스의 체계를 채용한 천문학자의 계산값에 근거한다. 태양중심설에 의거한 것도 정확한 값과의 오차가 약 4도에 이른 것을 볼 때, 정밀도가 극적으로 향상되었다고는 말할 수 없을지 모른다. 그러나 평균적으로 보면 분명 많은 개선이 있었다. 실제로 1551년에 코페르니쿠스의 체계에 근거한 「프로이센표」(*Prutenic Tables*)라는 천문표가 보급되었다.

그런데 코페르니쿠스는 왜 태양중심설을 채용하게 되었을까?

이에 대해서는 종래 대항해시대가 시작됨으로써 항해를 위한 정확한 천문표가 요청되었다는 점, 당시 실제와 약 10일 간이나 차이가 있었던 율리우스력을 개력할 필요성, 태양을 숭배하는 신플라톤주의의 영향 등 여러 가지 이유가 제기되었다. 일본에서 이 분야의 일인자인 다카하시 겐이치(참고문헌, 高橋, 1993년 참조)에 의하면, 그것들 중 어떤 것도 충분한 이유가 되지는 못한다. 예를 들어, 당시의 항해는 여전히 프톨레마이오스 체계에 의한 표로도 충분했다. 그러므로 항해술을 위한 천문표의 요청은 태양중심설에 이르는 과정의 지적 풍토에 지나지 않았다는 것이다. 개력도 결정적인 요인이 아니었고, 태양중심설을 필연적으로 요청하는 것도 아니었다. 점성술이나 연금술의 배경이 된 신비적인 신플라톤주의에는 분명 태양숭배의 측면이 있었다. 그러나 코페르니쿠스에게는 신플라톤주의 특유의 점성술적 경향이 없었다. 그러므로 신플라톤주의의 영향 때문에 태양을 우주의 중심에 놓았다는 것은 생각할 수 없는 일이다. 이 또한 태양중심설을 받아들이기 쉽게 했던 지적 풍토에 지나지 않았다.

다카하시는 코페르니쿠스의 저서와 그 초고를 상세히 분석하여 종래와는 다른 가설을 제시했다. 코페르니쿠스는 지구중심설을 개량하던 도중에 우연히 태양중심설에 도달했다는 것이다. 좀 더 구체적으로 설명해보자. 코페르니쿠스는 『천구의 회전에 대하여』의 서론에서 천체의 운동들을 계산하는 데 있어 「수학자들이 서로 간에 일치하지 않는다」는 것을 먼저 지적했다. 그리고 고대 그리스의 동심천구설이나 프톨레마이오스의 설을 다루었다. 그러나 전자는 천문현상과 맞지 않고, 후자는 운동의 일관성과 모순된다고 비판했다. 그는 전자를 취하지 않고, 후자 즉 프톨레마이오스의 지구중심설에서 대심을 걷어내려고 했다. 대심이 일정한 등속운동을 침범하기 때문이다. 그러나 화성의 소원을 기술적으로 개량하

〈표 4. 1〉 코페르니쿠스 혁명과 관련된 저작들 (출판된 것)

연도	저작
1543년	코페르니쿠스『천구의 회전에 대하여』 태양중심설의 제출, 행성의 궤도와 완전한 원
1588년	티코『에테계의 최신 현상』 지구중심설과 태양중심설을 절충한 체계를 제출
1596년	케플러『우주의 신비』 행성의 갯수를 기하학적으로 설명
1609년	케플러『새 천문학』 원의 속박에서의 탈피 제1법칙: 행성의 궤도는 태양을 하나의 중심으로 하는 타원이다. 제2법칙: 행성과 태양을 연결하는 선분이 일정 시간에 그리는 면적은 일정하다.
1609년	갈릴레오『별세계의 보고』 달 표면의 요철, 목성의 위성, 금성의 위상 변화 등
1613년	갈릴레오『태양 흑점에 관한 서한』
1619년	케플러『세계의 조화』 제3법칙: 행성의 공전주기의 제곱은 평균 공전반경의 세제곱에 비례한다.
1632년	갈릴레오『천문대화』 관성의 법칙, 운동의 상대성
1638년	갈릴레오『신과학대화』 낙체운동의 분석, 포물선운동
1665년	후크『미크로그라피아』
1687년	뉴튼『자연철학의 수학적 원리』 운동의 3법칙, 중력의 법칙
1704년	뉴튼『광학』

고자 했을 때, 화성의 천구와 태양의 천구가 서로 교차해 버렸다. 단단한 천구가 서로 교차하는 것은 있을 수 없는 일이었다. 따라서 코페르니쿠스는 고대의 태양중심설에 대한 검토를 시작했고, 결국 그의 체계를 세웠다는 것이 다카하시의 설명이다.

이 학설이 옳은지 그른지는 향후 연구자들의 검토를 기다리고 싶다. 그런데 프톨레마이오스의 지구중심설과 마찬가지로 코페르니쿠스의 태양중심설에도 큰 문제가 있었다. 그것은 지구가 동쪽으로 자전할 때, 공중의 구름이나 새 등이 서쪽으로 날아가버리지 않는 이유를 설명하는 것이었다. 또 빠른 속도의 자전에도 불구하고 지구가 쪼개져버리지 않는 이유도 설명해야만 했다. 그러나 이런 의문들에 대해 코페르니쿠스는 지구나 지상에 있는 물체의 원운동은 자연운동이라고 주장했을 뿐이다. 자연운동에 대한 아리스토텔레스의 설명을 그대로 적용했던 것이다. 그는 지구중심설에서는 지구보다 큰 천구가 운동하더라도 본래 깨지지 않는다고 항변했다. 그러나 그 설명은 일시적인 변명이라고 느껴질 만큼, 결코 충분한 것이 아니었다. 그 참된 해결은 백 년 정도 뒤, 즉 갈릴레오의 관성원리를 기다리지 않으면 안 되었다.

앞에서도 언급했지만, 그 밖에도 태양중심설이 확립하기까지는 더 해결해야 할 과제들이 남아 있었다. 예를 들어, 물리적인 천구의 관념을 폐기하는 것이다. 그러나 천구의 관념을 폐기하는 것은 천체를 움직이게 하는 새로운 역학적인 원리를 제시해야 함을 의미했다. 그것을 해결한 것이 바로 뉴튼의 역학이었다. 또 하나의 과제는 천체운동의 궤도를 타원으로 변환시키는 것이었다. 그것은 천체의 운동은 원운동이라고 하는 고대 그리스 이후의 속박에서 벗어나야 하는 쉽지 않은 과제였다.

4.4 티코와 케플러

이러한 난문들 중에서 맨 먼저 해결된 것은 천구의 문제였다. 단단한 천구가 존재하지 않는다는 것은 덴마크의 천문학자 티코 브라헤(Tycho Brahe, 1546–1601)에 의해 명확해졌다. 덴마크의 귀족이었던 티코는 1572년 카시오페아자리에 나타난 새로운 별 하나를 1년 이상 관측했다.(티코의 신성). 그 재능을 인정받은 티코는 국왕으로부터 코펜하겐 연안의 흐벤섬(현재는 스웨덴령 벤 섬)을 하사받고 1576년에 천문대를 건설했다. (그림 4.6). 그것은 높은 수준의 천문대로, 그곳의 거대한 측정장치는 정밀한 관측을 자랑했다. 코페르니쿠스 이전의 관측 정밀도는 각도로 환산하면 약 10분이었지만, 티코의 그것은 약 4분이었다고 한다. 티코는 이 천문대에서 1597년까지 20년 이상 관측을 계속했다.

1572년에 출현한 티코의 신성은 약 14개월 뒤 육안으로 보이지 않게 되었다. 그러나 티코는 그것이 달 위의 세계에서 일어난 현상이라는 점을 관찰에 의해 명확히 했다. 그것은 천상계가 변하지 않는 영역이라는 아리스토텔레스의 생각에 반대되는 것이었다. 티코는 1577년부터 1593년 사이에 출현한 네 개의 혜성 또한 관측했다. 그 관측 결과로부터 그는 혜성이 천상계의 현상이라는 것, 나아가 혜성이 천구를 관통하여 운동하고 있다는 것을 해명했다.

〈그림 4. 6〉 티코의 천문대

(출처: I. B. Cohen, ed., *Album of Science*, vol. 1, Scribner, 제54 그림.)

이것은 혜성을 달 아래 세계의 현상이라고 하는 아리스토텔레스류의 생각에 반하는 것이며, 동시에 단단하고 관통 불가능한 천구의 존재 또한 부정하는 것이었다.

티코는 코페르니쿠스를 높이 평가했다. 그러나 티코의 정밀한 관측은 그가 태양중심설을 받아들이는 것을 오히려 방해했다.

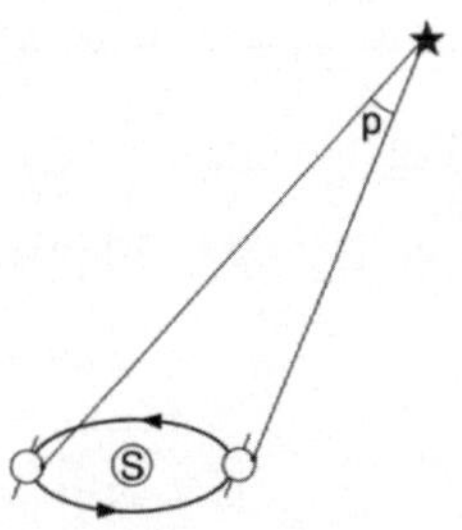

〈그림 4. 7〉 항성의 연주 시차

(출처: クーン,『コペルニクス革命』, 제30 그림, 講談社学術文庫, 257쪽.)

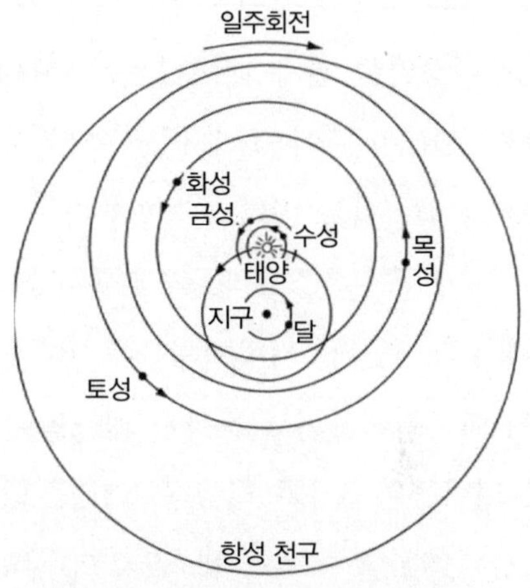

행성은 태양의 주위를 돌지만, 그 태양은 정지한 지구의 주위를 회전한다는 절충적인 체계이다.

〈그림 4. 8〉 티코 브라헤의 우주체계

(출처: 渡辺正雄,『近代科学の成立とその背景』, 日新出版, 42쪽.)

왜냐하면 지구가 움직인다면 관측되었어야 할 항성의 연주시차(그림 4.7)를 그는 관측할 수 없었기 때문이다. 따라서 지구는 정지하고 있지 않으면 안되었다. 티코는 1583년 지구중심설과 태양중심설을 절충한 형태의 우주체계를 제안했다. (그림 4.8). 행성은 태양의 주위를 돌고 있다고 여겨졌고, 그 태양은 정지한 지구의 주위를 회전한다는 것이다.

그림에서 알 수 있듯이, 행성의 궤도가 서로 교차하고 있는 것으로 볼 때, 티코가 천구의 존재를 인정하지 않았던 것은 틀림없다. 티코의 체계는 천구를 부정한 점에서 진일보한 것이었다. 그러나 지구가 정지하고 있다고 본 점에는 한계가 있었다. 천문학에 대한 그의 중요한 공헌은 천구의 폐지와 자신이 관측을 통해 모은 행성의 정밀한 관측 데이터였다. 요하네스 케플러(Johannes Kepler, 1571－1630)는 이 데이터를 근거로 행성이 태양의 주위를 타원궤도를 그리며 돌고 있다고 설명했다.

케플러는 스트라스부르에서 가까운 독일의 바일 데어 슈타트에서 태어났다. 튀빙엔대학에 입학한 뒤 아리스토텔레스의 우주론에 회의적이었던 천문학자 매스틀린의 가르침을 받고 열렬한 코페르니쿠스주의자가 되었다. 그라츠의 프로테스탄트 학교에 취직한 그는 1596년 최초의 책 『우주의 신비』를 출판했다. 그것은 행성의 숫자를 정다면체의 숫자에 대응시킨 것이었다. 그는 이 논의를 발전시키기 위해 상세한 관측 데이터가 필요했다. 마침 그라츠에서는 프로테스탄트를 배제하려는 움직임이 강해지고 있었기 때문에 그는 1600년 프라하로 이주했다. 프라하에서는 덴마크왕의 비호를 잃어버린 티코가 신성 로마황제 루돌프 2세의 후원을 받아 전년부터 연구를 시작하고 있었다.

티코는 케플러가 도착한 이듬해 죽었지만, 살아 있을 때 케플러에게 화성의 궤도에 관한 연구를 과제로 남겨 주었다. 티코의 후계자로서, 황제가 지원하는 수학자 겸 점성술사가 된 케플러는 1605년까지 티코가 남긴 데이터와 격투하면서 화성의 궤도를 결정하려고 했다. 거기서 얻어진 최초의 결론은 오늘날 케플러의 제2법칙이라고 불리는 것이다. 즉, 「행성과 태양을 연결하는 선분이 일정시간에 그리는 면적은 일정」하다는 것이다. (그림 4.9).

케플러는 당시 화성의 궤도를 여전히 원이라고 생각했고, 그

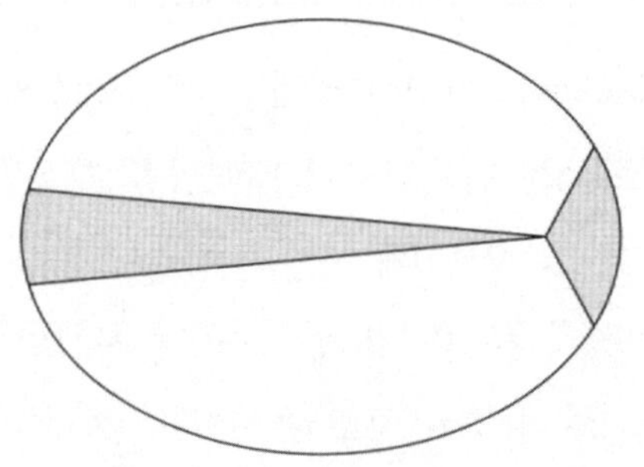

〈그림 4. 9〉 케플러의 제2법칙 (면적속도 일정)
(출처: 放送大学テキスト·野家啓一, 『科学の哲学』, 37쪽에서 수정 인용.)

것에 이심원 및 대심이라는 프톨레마이오스의 고안을 채용하고 있었다. 이 모델로 궤도의 어느 부분에서 제2법칙이 성립한다는 것을 이끌어낸 것이다. 이것을 전제로 케플러는 화성의 궤도운동 전체를 계산했다. 하지만, 그 결과는 각도로 볼 때, 티코의 관측값과 최대 8분 가량 어긋나 있었다. 종래의 천문관측 데이터와는 달리 티코의 관측 정밀도에서 이 오차는 결코 무시할 수 없는 것이었다. 거기서 케플러는 화성의 궤도는 원이 아닐 수도 있다는 생각에 도달했다. 고대 그리스 이후의 원의 속박이 여기서 최초로 풀렸던 것이다. 달걀 형 곡선 등의 시행착오를 거친 뒤, 그는 마침내 타원궤도라는 정답에 도달했다. 이런 과정을 통해 케플러는 제1법칙, 즉 「행성의 궤도는 태양을 하나의 중심으로 하는 타원」이라는 결론을 얻었다.

케플러의 제1, 제2법칙은 1609년의 책 『새 천문학』으로 출판되었다. 나아가 그는 연구를 거듭하여 1619년 『세계의 조화』에서

「행성의 공전주기의 제곱은 평균 공전반경의 세제곱에 비례한다」는 제3법칙을 발표했다. 이러한 성과를 바탕으로 케플러가 출판한 1627년의 『루돌프표』는 천문표로서 대성공을 거두었다. 그것은 다른 천문표와 비교할 때 약 30배 이상의 정밀도를 가진 것이었다.

위치 천문학에 관한 한, 여기서 태양중심설의 우위는 확고해졌다. 그러나 그것은 천체가 어떻게 역학의 원리에 따라 운동하는가를 명확히 해준 것은 아니었다. 역학의 완성에는 갈릴레오, 뉴튼 등의 노력이 필요했다. 즉, 코페르니쿠스 혁명은 약 150년간에 걸쳐 서서히 일어난 사건이었고, 그 과정은 위에서 본 것처럼 매우 오락가락한 것이었다. 제6장에서 자세히 다루겠지만, 그 과정에는 새로운 형태의 실험, 새로운 자연관, 그리고 신플라톤주의 등이 복잡하게 뒤얽혀 있었다.

● 학습과제

과학혁명의 시기 이후, 이 수업에서 다루고 있지 않은 화학, 의학, 생물학 등의 분야에서도 근대적 전환이 일어났다. 그 중에서 흥미를 가진 분야에 대해 그 개요를 조사해보자.

◆ 참고문헌

- Lloyd, G. E. R. *Greek Science after Aristotle* (New York: Norton, 1973). G·E·R·ロイド,『後期ギリシャ科学』, 法政大学, 2000年.
- Kuhn, T. S. *The Copernican Revolution: planetary astronomy in the development of Western thought* (Cambridge: Harvard University Press, 1957). トーマス·クーン,『コペルニクス革命』, 講談社学術文庫, 1989年.

  위의 두 책에 대해서는 제2장의 참고문헌을 참조할 것.
- 高橋憲一訳·解説,『コペルニクス·天球回転論』, みすず書房, 1993年. (다카하시 켄이치 역, 해설,『코페르니쿠스·천구회선론』, 미스스 서방, 1993.)

  코페르니쿠스의『천구의 회전에 대하여』의 제1권과 그에 앞선「코멘타리올루스」의 일본어역이다. 그 해설 부분은 학문적으로 높은 수준임에도 불구하고 비교적 읽기가 쉽다. 관심 있는 독자는 읽어보기를 권한다.
- Aiton, E. J. *The Vortex Theory of Planetary Motions* (London: Macdonald, 1972). E·J·エイトン,『円から楕円へ』, 共立出版, 1983年.

  케플러에서부터 갈릴레오, 뉴튼까지의 천문학과 역학의 발전을 간단히 정리한 일반인 대상의 책이다.

- Shapin, Steven. *The Scientific Revolution* (Chicago: University of Chicago Press, 1996). ステーヴン·シェィピン, 『「科学革命」とは何だったのか』, 白水社, 1998年.
- Henry, John. *The Scientific Revolution and the Origins of Modern Science* (Palgrave Macmillan, 1997), 2nd ed., 2008. ジョン·ヘンリー, 『17世紀科学革命』, 岩波書店, 2005年.

  위의 두 책은 모두 과학혁명에 대해 말하고 있는데, 앞의 책은 과학혁명의 존재 자체를 부정하고 있다. 이에 비해 뒤의 책은 과학혁명의 존재를 전제로 1970년경 이후의 과학사의 성과를 균형있게 정리하고 있다. 둘 다 과학혁명을 더 깊이 이해하고 싶은 독자들에게 적합하다.

5

중세의 산업혁명

〈이 장의 학습목표 & 포인트〉 이 장에서는 코페르니쿠스 혁명의 완성을 살펴보기 전에 과학혁명의 배경이 되었던 서구의 기술 발전을 공부한다. 「중세의 산업혁명」이라고도 일컬어지는 6세기 이후의 기술 발전은 유럽 사회를 부흥시켰고 학술의 진보를 가능하게 했다. 그 충격은 대항해시대와 견줄만했다. 이 같은 기술 발전의 성과가 12세기 서구에서 고대과학의 부흥을 가져왔다.

〈키워드〉 무거운 쟁기, 삼포제, 동력 이용의 발전, 12세기 르네상스, 아랍과학

5.1 농업혁명

1930년대부터 서양에서는 중세 서구에서 획기적인 기술 발전이 있었다는 것을 보여주는 중요한 연구서들이 몇 권 출판되었다. 이런 선행 연구들을 정리하여 1962년 미국의 중세사 연구가 린 화이트 2세(Lynn White, Jr., 1907−87)는 『중세의 기술과 사회변동』(일본어역, 思索社, 1985년)이라는 책을 집필했다. 이 책에서 그는 중세 서구의 농업 발전, 그리고 말의 힘을 포함한 동력 이용의 확산에 초점을 맞췄다.

농업 분야에서 화이트는 6세기부터 9세기 사이에 일어난 두 가지 진보를 상세하게 논했다. 첫째, 땅을 깊이 갈 수 있는 무거운 쟁기(또는 심경쟁기)의 등장이다. 쟁기(plough)는 뒤지개(掘棒)를 가축으로 끌어서 지면을 경작하는 도구이다. 일본어로는 가래(spade) 또한 스키(쟁기)라고 발음하는데, 이것은 옆으로 퍼진 칼에 수직 또는 비스듬하게 손잡이가 붙은 것으로, 스코프는 이 가래의 일종이다. 여기서 주목하고자 하는 것은 쟁기이다. 초기의 쟁기는 보통 두 마리의 소로 땅을 끌듯이 갈았지만, 중세로 접어들자 지중해 지방부터 북쪽 서방의 점토질 땅에 알맞은 무거운 쟁기가 등장했다. 그것은 6세기 이전에 어딘가로부터 슬라브 세계에 전해졌고, 7세기에는 프랑크 왕국의 중심부에 퍼졌다고 한다. 구조도 복잡해졌을 뿐만 아니라 가로 세로로 자른 땅을 뒤집기 위한 발토판이 붙어 있었다. 바퀴가 붙은 쟁기도 등장하여 소를 대신한 말이 그것을 끄는 경우도 있었다. (그림 5.1).

화이트가 말한 농업에서의 또 하나의 진보는 8세기 이후 서서히 유럽에 퍼진 삼포제(三圃制, 삼포식 농업)이다. 그것은 「중세 서

〈그림 5. 1〉 무거운 쟁기: 10세기의 것으로 바퀴가 붙어 있다.

(출처: シンガー, 『技術の歴史』, 筑摩書房, 제3권, 71쪽.)

유럽 최대의 농업혁신」이라고 말해져 왔던 것이다. 삼포제 이전의 이포제 농업에서는 경작지의 절반에 겨울철 작물을 심고, 나머지는 휴경지로서 땅의 힘을 회복시켰다. 그것은 지중해 지방에 적합한 방식이었다. 이에 비해 삼포제에서는 농지를 삼등분하여 한 구역에서는 동작물(가을에 씨를 뿌리는 밀, 호밀 등), 다른 구역에서는 여름작물(봄에 씨를 뿌리는 귀리, 보리, 콩 등)을 경작하고, 나머지 토지를 휴경지로 했다. 삼포제의 이점은 토지의 이용 효율을 높일 수 있는 점, 노동을 해마다 분산할 수 있는 점, 작물이 다양화함에 따라 아사할 위험이 줄어든다는 점 등이었다. 더불어 삼포제의 도입에 동반하여 콩류를 더 많이 경작할 수 있게 되는 등 영양가가 높은 식물을 얻는 것이 가능해졌다. 콩은 뿌리에 붙은 근립균이 질소를 고정시키는 역할을 하기 때문에, 비료로서의 몫도 맡았다. 귀리를 재배하게 된 것도 삼포제의 장점이었다. 귀리는 말의 사료로 사용됨으로써 사료 소비가 큰 말의 이용을 촉진시켰다.

5.2 동력 이용의 다양화와 성장

중세인들은 말이 소보다 두 배 정도 더 일할 수 있다고 생각했다. 실제로 말의 노동력은 소의 1.5배 정도로 계산된다. 그러나 말을 그 능력만큼 일하게 하기 위해서는 몇 가지 해결되어야 할 과제들이 있었다.

첫째는 말의 멍에였다. 소의 경우 목이 두껍고 머리도 처져 있기 때문에 그림 5.2처럼 간단한 멍에로 쟁기 등을 끌 수 있었다.

그러나 이것을 말에 사용하면, 가늘고 위로 뻗은 목을 조르게 된다. 이 문제를 해결하기 위해서는 더 낮은 위치, 즉 어깨 부분에 사용하면서 목에 거는 형태의 멍에가 필요했다. 이런 형태의 멍에는 8, 9세기경 중앙 아시아로부터 게르만 세계에 전해졌다고 한다. 이것을 사용하게 되면서 말은 그 전보다 약 네 배 정도의 무게를 더 끌 수 있게 되었다. 발굽이 약한 것도 말의 이용에 방해가 되었다. 발굽을 보호하는 발굽 철의 이용은 9세기 무렵부터 유럽에 퍼졌고, 11세기 경에는 널리 일반화되었다. 이보다 앞선 8세기 초엽에 아마 인도로부터 등자가 유럽에 전해졌다. 이처럼 중요한 마구들이 갖춰지자 말을 이용한 경작은 유럽 북부의 평원에서 11세기 말경에는 일상적인 풍경이 되었다.

화이트에 따르면, 중세시대 동력 이용의 발전은 말의 이용을 확산시키는 데 그치지 않았다. 수차의 이용이 활발해진 것도 한 보기였다. 제3장에서 다루었지만, 로마시대에 수차의 이용은 제분의 목적에 한정되어 있었다. 그러나 10, 11세기가 되자 수차는 제분 이외에도 축충(축융), 가죽의 무두질, 제지, 톱과 풀무의 구동,

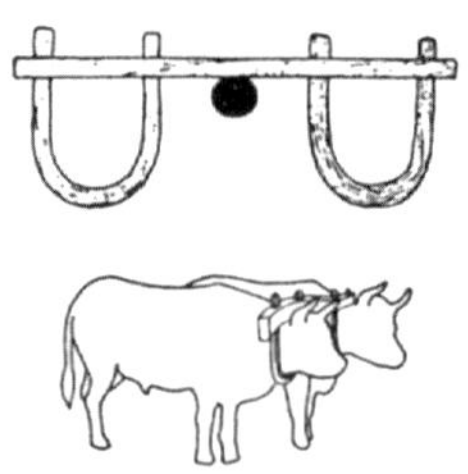

〈그림 5. 2〉 초기의 말 멍에

(출처: 平田寛, 『失われた動力文化』, 岩波新書, 81쪽.)

단철, 그리고 올리브, 엿기름, 광석, 안료 등의 분쇄와 같은 다양한 목적에 이용되기 시작했다. (그림 5.3). 수차의 갯수도 증가했는데 1086년에 편찬된 영국의 유명한 『토지대장』(*Domesday Book*)에는 약 3,000의 농촌공동체에 5,624대의 수차가 기록되어 있다고

〈그림 5. 3〉 수력으로 구동되는 풀무 (라멜리의 1588년 책에서)

(출처: シンガ-, 『技術の歴史』, 제4권, 537쪽에서 복사.)

한다. 12세기에 들어서는 수차에 더하여 풍차도 유럽에서 사용되었다.

화이트와 마찬가지로 중세의 기술 발전에 주목하여 1975년에 『중세의 산업혁명』(일본어역, 岩波書店, 1978년)을 저술한 장 갱펠(Jean Gimpel, 1918−96)도 수차 이용의 확산에 대해 다루었다. 그가 보고한 로베크 강(센 강 지류) 유역의 사례에서는 10세기에 총 2대 밖에 없었던 수차가 11세기에는 4대, 13세기에는 10대, 14세기 초에는 14대로 급속하게 증가했다. 화이트가 6세기 이후 중세의 기술 발전에 주목했던 것과 비교할 때, 갱펠은 그보다 늦은 11−13세기에 주로 초점을 맞췄고, 그것을 18세기 산업혁명의 기초로 삼았다. 농업의 진보보다는 동력 이용의 발전에 더 잘 들어맞는 주장

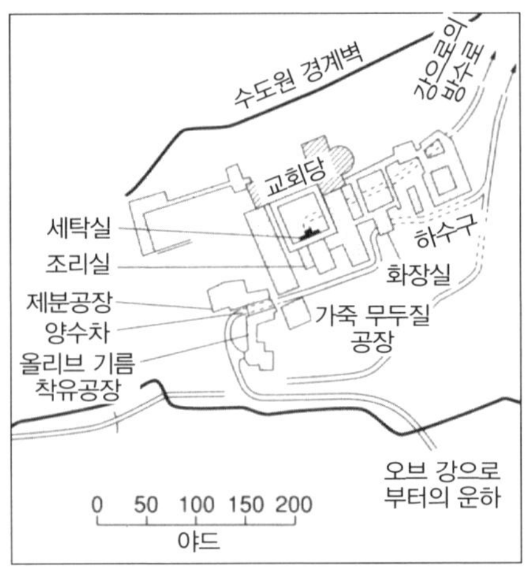

〈그림 5. 4〉 베르나르 수도원에서의 수력 이용

(출처: ギャンペル, 『中世の産業革命』, 岩波書店, 5쪽.)

이다.

갱펠의 주장에서 흥미로운 것은 동력이나 기계 이용의 확산 과정에서 기독교 수도원의 역할을 강조한 점이다. 『중세의 산업혁명』의 서두에서 갱펠은 시토회 베르나르의 수도원(부르고뉴지방)을 중심으로 한 13세기의 수력 이용을 다루고 있다. 그림 5.4에서 알 수 있듯이, 수도원에서는 운하로 물을 끌어 제분, 올리브의 착유, 가죽 무두질에 수차를 사용했다. 기록에 의하면, 그곳에서는 축충이나 맥주의 양조통을 데우기 위한 풀무에도 수차를 활용했다. 물은 수차를 구동할 뿐만 아니라 요리나 세탁, 수세식 화장실에도 사용되었다. 기도와 노동의 장소인 수도원이 기술을 앞서 이끌었던 것이다.

5.3 광산의 개발

중세에는 광산의 개발도 촉진되었다. (그림 5.5). 화이트에 의하면, 전에는 귀중했던 철이 카롤린조(전성기 8세기)의 광산 개발에 의해 싼 값이 되었다. 무기뿐만 아니라 농구를 포함한 일용품에도 철이 사용되었다고 한다. 한편, 갱펠은 10−11세기 이후의 중앙 유럽에서 광산 개발이 번성했다는 점을 지적했다. 독일의 작센지방에 있는 프라이베르크는 그 보기이다. 그 도시는 은의 발견으로 번성하여 1170년에는 인구가 약 3만에 이르는 광업도시로 변모했다. 높은 기술을 가지고 있던 독일의 광부들은 현재의 체코, 슬로바키아, 헝가리 방면에도 진출했다.

〈그림 5. 5〉 광산의 개척 (아그리콜라, 『금속에 대해서』, 1556년.)

(출처: シンガー, 『技術の歴史』, 제3권, 12쪽에서 복사.)

5. 4 12세기 르네상스

중세의 산업혁명은 유럽의 인구를 증가시켰고 도시의 성장을 가능하게 했다. 일찍이 7세기 전후에 독일 중서부 등에서 인구 증가가 시작되었다. 장소에 따라서는 인구가 로마 시대의 네 배에 이르는 곳도 있었다. 독일에서는 폐촌이 11세기에 시작되어 13세기에 가장 번성했다. 말의 이용으로 이동이 간편해졌기 때문에 황폐해진 촌락에 더 이상 살 필요가 없던 농민들이 근처의 도시로 이주했던 것이다.

10세기 이후 도시가 급속히 성장하면서 직인이나 상인들이 등장했다. 도시의 힘이 증가하면서 12세기 들어 영주에게서 자치권을 얻은 도시도 다수 등장했다. 이 같은 유럽의 농업 발전은 학술의 성장을 촉진시켰고, 마침내 과학혁명으로 이어졌다. 그러나 중세 전반의 유럽에서 학문은 아직 발달하지 못했다. 고대의 에우클레이데스, 아르키메데스, 프톨레마이오스, 히포크라테스와 갈레노스(둘 다 고대의 의사)의 저작은 알려져 있지 않았고, 아리스토텔레스조차 논리학의 일부가 알려져 있었을 뿐이다.

기원전 3세기부터 기원후 2세기경에 걸쳐 발달한 고대 그리스의 과학(알렉산드리아의 과학을 포함한다)은 서구의 주요 도시에는 전해지지 않았다. 그 대부분은 그리스화된 비잔티움세계(동로마제국)에만 전달되었다. 그 지식은 아랍어로 번역되어 당시 문명이 발달해 있던 아랍세계로 계승, 발전되었다. (〈칼럼〉 아랍 과학 참조).

아랍권에 이식된 고대 학술의 성과가 서구에서 「회복」된 것은

12세기였다. 과학을 포함한 아랍 학문의 성과는 서구에서의 도시 부흥과 거의 궤를 같이 하여 중세 유럽의 학술언어인 라틴어로 번역되었다. 그것은 거대한 번역운동으로, 보통 「12세기 르네상스」라고 불린다. 12세기 르네상스의 개념은 미국의 중세사가 해스킨즈의 1927년 책 『12세기 르네상스』(일본어역 創文社, 1985년, みすず書房, 1989년)에 의해 등장한 것이다. 일반적으로 주목하는 이탈리아의 르네상스는 이보다 2백 년 이상 늦다. 그리고 그것은 주로 문학이나 예술의 분야를 통하여 인간성의 부흥을 의도한 것이었다. 이에 비해 12세기 르네상스는 학문의 부흥이었다.

표 5.1은 고대의 어떤 저작을 누가 라틴어로 번역했는지를 보여주고 있다. 유럽세계는 아리스토텔레스를 포함하여 잊혀져버린 중요한 고대의 과학서적들을 주로 아랍세계로부터 얻었다. 표에서 알 수 있듯이, 많은 책들이 아랍어로부터 번역되었지만, 경우에 따라서는 그리스어의 원서를 입수하여 그것을 번역한 사례도 있었다.

그림 5.6은 아랍 문화권의 영향이 미친 최대 범위를 보여주고 있다. 12세기 르네상스의 번역 활동은 주로 아랍과 서구의 두 문화권이 만나는 접점에서 일어났다. 현재의 스페인을 포함한 지역은 당시는 아랍 문화권에 속해 있었다. 접점인 북동 스페인에서 카탈루냐에 걸친 지역에서는 이른 시기부터 번역이 행해졌다. 거기에는 모자라브라고 불리는 아랍 문화에 익숙한 기독교도들이 살고 있었는데, 그들은 아랍어와 라틴어 양쪽에 능통했다. 이른바 레콩키스타에 의해 서구의 세력이 마침내 서쪽으로 확대되었다. 1085

년에 톨레도가 서구 문화권에 복귀하자 그곳이 번역의 중심지가 되었다. 톨레도 최대의 번역자는 크레모나의 제라르도(Gerard of Cremona, 1114-87)였다. 그는 12세기 르네상스를 대표하는 인물로, 약 70종 이상의 책을 번역한 것으로 알려져 있다. 현재 이탈리아에 속하는 시칠리아섬도 12세기 르네상스에서 중요한 몫을 담당한 장소이다. 시칠리아는 원래 비잔티움령으로 기원 878년에 이슬람령이 되었고, 1060년부터는 노르만의 지배를 받았다. 그리스, 아랍, 라틴 문화의 교차점으로서 번역에 적합한 장소였다. 이 지역들과 사정이 다른 곳은 북이탈리아의 도시들로, 그곳에서의 번역

〈표 5. 1〉 12세기 르네상스의 번역 활동

아리스토텔레스	『자연학』 『천체론』 『생성소멸론』 등	크레모나의 제라르도, 마이클 스콧	아랍어 아랍어	톨레도 스페인	12세기 1217-20년경
에우클레이데스	『기하학 원론』	바스의 아델라드, 크레모나의 제라르도	아랍어 아랍어		12세기 초엽 12세기
아르키메데스	『원의 구적』	크레모나의 제라르도	아랍어	톨레도	12세기
헤론	『기체장치론』	?	그리스어	시칠리아섬	12세기
갈레노스	각종 해부학서	크레모나의 제라르도 등	아랍어 그리스어	톨레도	12세기 14세기
프톨레마이오스	『알마게스트』	살레르노의 에르만노, 크레모나의 제라르도	그리스어 아랍어	시칠리아섬 톨레도	1160년경 1175년

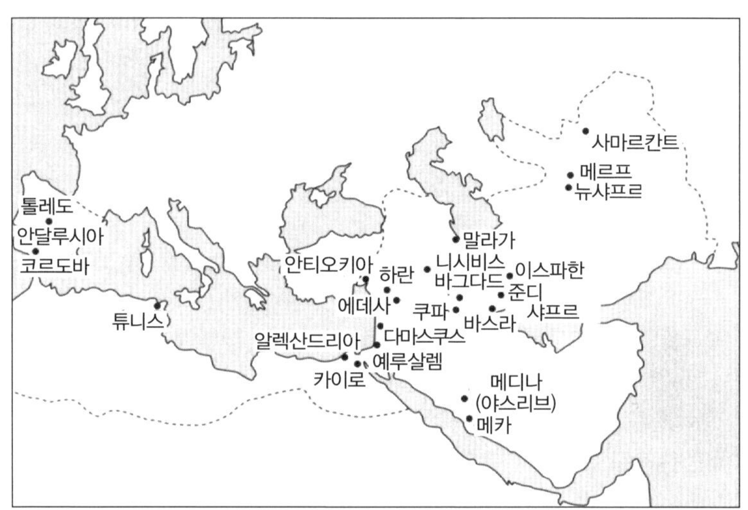

〈그림 5. 6〉 중세 아랍세계의 최대 영역

(출처: フォーラムSTS,『サイエンスを再演する』, 北樹出版, 90쪽.)

활동은 아랍어가 아니라 그리스어로부터 이루어졌다. 베네치아나 피자의 상인들이 비잔티움과 상업적 교류를 하던 통로를 거쳐 책들이 전해진 것이다.

5.5 대학의 등장

12세기는 대학이 등장한 시대이기도 했다. 그림 5.7은 15세기까지 성립한 대학을 시기별로 보여준 것이다. 이 지도를 통해 볼 때, 가장 오랜 대학은 12세기에 등장했다는 것을 알 수 있다. 볼로냐대학이나 파리대학은 12세기 대학의 대표격이다.

실제로는 초기의 대학이 언제 또 어떻게 성립했는가를 정확히 알 수는 없다. 그러나 11세기경부터 교사의 주위에 학생들이 모이기 시작함으로써 서서히 대학의 형태가 갖춰졌다. 그리고 12세기에는 그것이 제도로서 확립되었다. 대학은 일반적으로 신학·법학·의학의 상급 3학부에 철학부(학예학부)를 더한 4학부로 구성되었다.

초기의 대학에는 건물이 보통 없었기 때문에 교회나 근처의 큰 방을 빌려 수업했다. 대학은 교수와 학생이 만드는 일종의 길드(guild, 동업조합)였으며, 그것은 영어의 university의 어원인 라틴어 universitas(우니베르시타스=조합)라는 말에도 나타난다. 이 조합에 의해 볼로냐에서는 학생들이, 파리에서는 교수가 우위에 섰다.

대학이 성립한 배경에는 앞서 대학에 모이게 된 지식인들이 있었다. 지식인이란 농민도 귀족도 성직자도 아닌 새로운 계층이었다. 그들은 방랑학생(골리아르, Goliard)이 되어 연예인, 광대, 가정교사 등으로 생계를 이어가기도 했다. 서구사회가 그들을 뒷받침할 수 있었던 것은 중세의 산업혁명을 통해 사회·경제가 발전했기 때문일 것이다. 지식인은 12세기 르네상스의 주역이기도 했다. 크레모나의 제라르도는 그 대표적인 인물이다.

대학이 성립하기 이전에 교육은 일반적으로 수도원이나 사교좌가 설치된 교회에서 행해졌다. 교육 내용은 중세의 기초교양인 자유 7과(문법·수사학·윤리학·산술·음악·기하학·천문학)였다. 그러나 읽기 쓰기와 역법 정도를 배우는 초보적인 경우도 있었다. 대학이 성립하자 12세기 르네상스를 통해 번역된 아리스토텔레스, 에우클레이데스, 프톨레마이오스, 히포크라테스, 갈레노스, 그리고 아랍

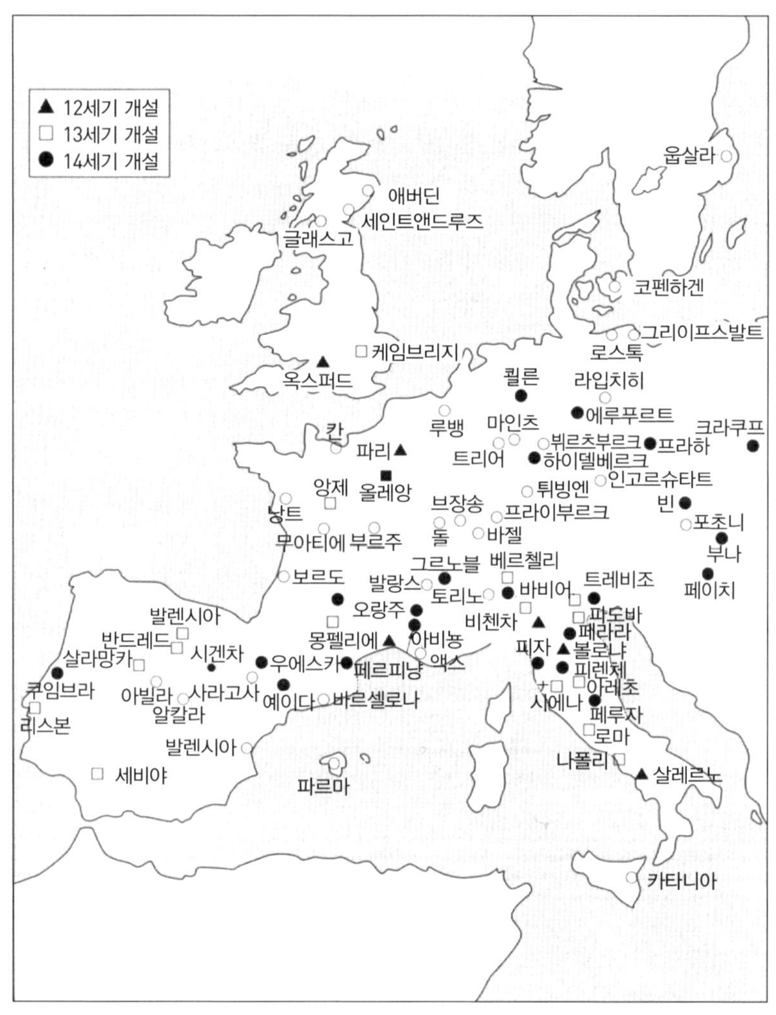

〈그림 5. 7〉 중세의 대학

(출처: 放送大学テキスト·橋本毅彦, 『物理科学史』, 31쪽.)

의 과학서적들도 사용되기 시작했다. 수업은 이런 책들의 상세한 주석과 토론 연습을 주된 내용으로 했다. 아리스토텔레스는 대학

커리큘럼의 근간이었으며 그의 논리학이나 자연과학 서적은 필수였다. 학교의 철학을 의미하는 스콜라철학은 아리스토텔레스와 기독교를 결합시킨 것에 지나지 않았다.

이상과 같은 과정을 통해 고대 그리스의 과학지식은 서구세계에 재도입되었다. 서구라고 해도, 고대와는 달리, 그 주역은 지중해에 접한 지역만으로 한정되지 않았다. 오늘날의 독일, 프랑스, 영국을 포함하여 종래보다 북쪽 지역도 중요한 몫을 하게 되었다. 그리하여 과학혁명으로의 길이 다져지게 되는데, 거기서 이루어진 것은 12세기 르네상스 이후의 과학지식을 다시 전복시키는 것이었다. 그것은 2단계의 지식혁명이었던 셈이다. 즉, 처음에 고대의 지식이 부활했고, 다음에 그것이 부정된 것이다.

칼럼 아랍 과학

고대 그리스 과학은 시리아 등을 매개로 8세기부터 9세기에 아랍세계로 전해졌다. 초기의 학술적 중심지는 사산 왕조 페르시아의 샤푸르였다. 아랍 문화가 본격적으로 발달한 것은 우마야드 왕조 이후 8세기에 성립한 아바스 왕조의 시기이다. 새로운 수도 바그다드에는 815년경 「지혜의 전당」이라고 불리는 연구소가 설립되었다. 그 연구소는 도서관이나 천문대를 가진 시설로 무세이온 이후 최대라고 말해진다.

이 시대의 대표적인 학자는 연금술(화학)의 자비르 이븐 하얀(Jabir ibn Hayyan, 721-815), 철학의 알 킨디(al-Kindi, 803-873),

대수학의 알 화리즈미(al Khwarizmi, 780－850), 천문학의 알 바타니(al Battani, 858－929), 의학의 알 라지(al－Razi, 865－925) 등이었다. 지혜의 전당에서는 9세기경 후나인 이븐 이샤크(Hunayn ibn Ishaq, 808－873)라는 번역의 거인이 활약했는데, 그는 아리스토텔레스, 에우클레이데스, 갈레노스, 히포크라테스, 프톨레마이오스 등의 저서들을 그리스어에서 아랍어로 번역했다.

아랍 과학은 고대 그리스의 유산에 더하여 고대 오리엔트, 페르시아, 인도 나아가 중국의 유산들을 흡수했고, 11세기경에는 정점에 도달했다. 천문학과 광학의 공헌으로 알려진 이븐 알 하이탐(ibn al－Haytham, 965－1040, 알하젠), 의학에서 알려진 이븐 시나(ibn Sina, 980－1037, Avicenna, 아비케나) 등이 이 시기에 활약했다.

화학에는 아랍어의 정관사 al로 시작하는 용어가 많다. 예를 들어, 알코올, 알칼리 등이다. 이로부터 아랍 과학의 공헌은 특히 화학분야에서 현저했던 것으로 여겨진다. 또 대수학(algebra)은 알 화리즈미가 쓴 책의 제목에서 유래한다. algebra의 어원인 al－jabr는 형태를 정리한다는 의미로, 방정식의 계수를 양수로 만드는 방법이었다. 이 방법을 이용하여 방정식을 푼 것이다. 이 밖에도 아랍세계는 과학에 많은 공헌을 했다. 예를 들어, 그것은 다음 장에서 다룰 관성개념의 형성에도 크게 기여했다. 또 신학적인 목적이 아니라 자연을 그 자체로 이해하려고 하는 합리적인 태도는 아랍에서 서구에 전해진 것이라고 볼 수 있다.

(이상, 주로 伊藤俊太郎, 『十二世紀ルネサンス』, 講談社学術文庫, 2006년에서 인용.)

● 학습과제

과학에 대한 아랍세계의 공헌에 대해 〈칼럼〉을 참고한 후에 더 조사해보자. 또 아랍세계의 기술사에 대해서도 조사해보자. Ahmad Y. al-Hassan, Donald R. Hill, *Islamic Technology: An Illustrated History* (Cambridge: Cambridge University Press, 1992.) アフマド·Y·アルハサン, ドナルド·R·ヒル,『イスラム技術の歴史』, 平凡社, 1999년 등을 참조.

◆ 참고문헌

- White, Lynn Townsend, Jr., *Medieval Technology and Social Change* (Oxford: Oxford University Press, 1962). リン·ホワイト·Jr.,『中世の技術と社会変動』, 思索社, 1985年.
- Gimpel, Jean. *La Révolution industrielle du Moyen Âge* (Paris : Seuil, 1975). シャン·ギャンペル,『中世の産業革命』, 岩波書店, 1978年.

  중세 유럽의 기술 발전을 다룬 고전들. 그러나 둘 다 신판이나 고서를 입수할 수 없기 때문에 도서관에서 참조하기를 권한다.
- Haskins, Charles Homer. *The Renaissance of the Twelfth Century* (Cambridge: Harvard University Press, 1927). チャールズ·ハスキンズ,『十二世紀ルネサンス』, 創文社, 1985年, みすず書房, 1989年.

  12세기 르네상스의 개념을 확립한 고전. 원저는 1927년에 출판되었다.
- Haskins, Charles Homer. *The Rise of Universities* (New York: Holt, 1923). チャールズ·ハスキンズ,『大学の起源』, 社会思想社, 1993年.

대학의 성립사를 밀도있게 정리하고 있다. 초기의 대학 커리큘럼을 수록하는 등 자료가 풍부하다.

- 伊藤俊太郎, 『十二世紀ルネサンス』, 講談社学術文庫, 2006年.

  (이토 슌타로, 『12세기 르네상스』, 고단샤 학술문고, 2006.)

  고대 그리스의 과학이 어떻게 아랍세계에 계승 발전되었고, 그것이 12세기 르네상스에 영향을 미쳤는지 알 수 있는 좋은 책이다. 이보다 앞선 책으로는 같은 저자가 집필한 『近代科学の源流』, 中央公論社, 1978年(『근대과학의 원류』, 중앙공론사, 1978)이 있다. 둘 다 다소 전문적인 내용을 다루고 있기 때문에 특히 흥미가 있는 독자들에게 추천한다.

6 근대과학이란 무엇인가?

〈이 장의 학습목표 & 포인트〉 케플러, 갈릴레오, 뉴튼 등에 의한 과학혁명의 완성 과정을 살펴보고, 근대과학이란 무엇인가를 생각한다.

〈키워드〉 실험, 관측, 헤르메스주의, 신플라톤주의, 중세의 운동론, 기계적 철학

6.1 과학혁명과 신비사상

제4장에서 논한 것처럼, 코페르니쿠스에서 시작된 태양중심설의 관측 정밀도는 티코를 거쳐 케플러에 이르러 처음으로 지구중심설을 크게 넘어섰다. 케플러의 3법칙은 코페르니쿠스 혁명 완성에 중요한 단계이기도 했다. 이 법칙은 화성 궤도를 둘러싼 티코의 정밀한 관측 데이터에 근거한 근대과학의 성취였다. 그러나 관측 데이터에 대한 케플러의 집착은 합리적인 동기에 의한 것이라고 말하기 어려운 부분이 있다.

이미 소개했던 것처럼, 케플러는 1619년『세계의 조화』에서「행성의 공전주기의 제곱은 평균 공전 반경의 세 제곱에 비례한다」고 하는 제3법칙을 발표했다. 이 책의 주제는 하늘에서의 행성의 조화를 음악의 화성(하모니)과 비교하여 설명하는 것이었다. 그 배

경에는 신플라톤주의나 헤르메스주의라는 신비주의 사상의 영향이 있었다.

행성의 타원궤도(제1법칙)와 비등속 운동(제2법칙)은 일정한 등속 원운동이라는 그리스 이후 행성운동의 조화를 부정한다. 제3법칙은 잃어버린 조화를 회복하는 것으로, 그 조화를 발견하기 위해 케플러는 인내심을 가지고 계산을 반복했다고 한다. 조화에 대한 이 같은 집착은 피타고라스 이후 수의 신비주의라고도 말할 수

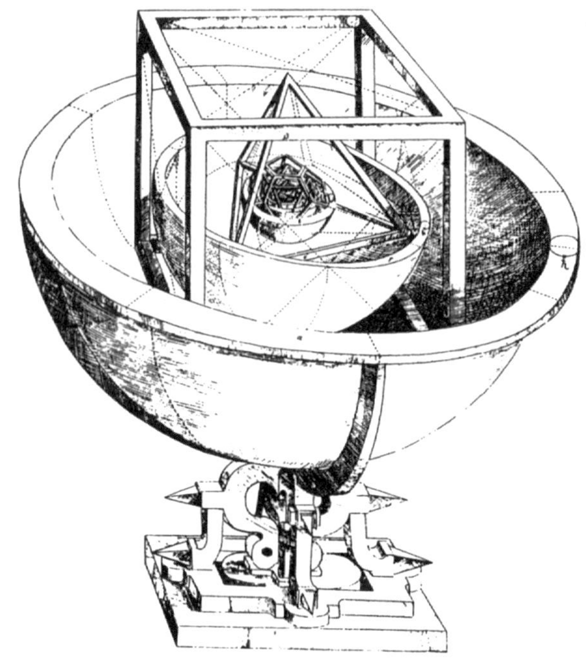

〈그림 6. 1〉『우주의 신비』에서 보이는 케플러의 정다면체 가설

정다면체는 수학적으로 정4면체, 정6면체, 정8면체, 정12면체, 정20면체의 다섯 종류 밖에 없다. 케플러는 이것들을 내측에서부터 정8, 20, 12, 4, 6면체의 순서로 배치하고, 태양계의 행성은 이것에 내접 또는 외접한다고 보았다.

(출처: 高橋憲一, 『コペルニクス·天球回転論』, みすず書房, 210쪽.)

있는 부분이다.

케플러의 신비주의적 사색은 최초의 책 『우주의 신비』(1596년)에서부터 일관적이었다. 『우주의 신비』에서 케플러는 행성이 여섯 개인 이유를 정다면체의 숫자로 설명했다. (그림 6.1). 행성은 다섯 종류의 정다면체에 내접·외접하는 궤도를 갖기 때문에 그 총수는 여섯이 된다는 것이다.

신비적인 사고는 케플러의 제2법칙(면적 속도 일정의 법칙)의 탄생 과정에서도 보인다. 케플러는 『우주의 신비』에서 말하기를 행성은 태양에서 오는 「구동영혼」(anima motrix)에 의해 움직이고 있다고 했다. 이 구동력은 행성의 궤도면을 따라 퍼져나가고, 그 작용은 태양으로부터의 거리에 반비례한다. 케플러는 아리스토텔레스적인 역학에 따라 운동속도는 구동력에 비례한다고 보았기 때문에 행성의 운동속도도 태양으로부터의 거리에 반비례한다고 생각했다. 따라서 행성의 속도와 태양으로부터의 거리의 곱이 일정하다는 결론이 얻어진다. (주: 속도를 v, 거리를 r이라고 현대화해서 써보면, $v \propto 1/r$이 되기 때문에 vr=〈일정〉). 훗날의 『새 천문학』에서 케플러는 길버트의 『자석에 대해서』(1600년)의 영향을 받아 영혼을 자기로 바꿔 썼다. 그러나 그 과정을 보면, 케플러는 신비주의를 포함한 「틀린」 추론에서 시작했지만, 결국 올바른 결론에 도달한 것이 된다.

우주의 무한성을 주장하여 화형에 처해진 조르다노 브루노(Giordano Bruno, 1548-1600)도 신플라톤주의의 신비사상에서 영향을 받아 코페르니쿠스의 태양중심설을 믿었다고 한다. 신비사상과 과학의 이 같은 관계는 1970-80년대에 주목을 모았다. 그 계기들 중 하나는 영국의 유명한 역사가 프랜시스 예이츠(Frances Amelia Yates, 1899-1981)에 의한 1960년대 이후의 연구였다. 그러나 제4장에서 본 것처럼, 코페르니쿠스가 태양중심설에 도달한 과정으로부터 신플라톤주의의 영향을 읽는 것은 곤란하다. 근래에는 신비주의와 근대주의의 관계를 지나치게 강조하는 시각을 탈피하려는 경향이 대두하고 있다.

칼럼1 중세의 운동론

물체는 힘이 가해지고 있을 때에만 움직인다는 아리스토텔레스의 운동론에 문제가 있다는 것은 일찍부터 알려져 있었다. 예를 들어, 투사체는 던진 사람의 손을 떠나서도 운동을 계속한다. 그것은 투사체 앞 면에서 밀려난 공기가 뒤로 돌아가 추진력이 되기 때문이라는 설명이 그리스시대부터 알려져 왔다. 그러나 6세기 알렉산드리아의 신플라톤주의자 필로포누스는 그런 일은 있을 수 없다고 주장하고, 그 대신 기동자(起動者)가 물체에 전해주는 「비물체적 운동력」을 가정했다. 그것이 아랍세계에 전해져 마일(경향성)의 사상이 되었고, 14세기의 서양에서는 임페투스설이 되었다.

임페투스설은 운동하는 물체는 기동자에 의해 임페투스(impetus)를 부여 받는다고 보는 것이다. 이 설을 주장한 사람은 14세기경 파리대학의 총장을 두 번이나 역임한 장 뷔리당(Jean Buridan, 1295-1358)이었다. 임페투스의 크기는 물질의 양과 속도에 비례한다고 여겨졌다. 뷔리당에 따르면, 임페투스가 감소하지 않는

한, 운동은 계속된다. 임페투스설은 1353년 파리대학의 총장이 된 작센의 알베르투스(Albertus de Saxonia, 1316-90)에 의해 더욱 발전되었다. 이 파리학파를 계승한 니콜 오렘(Nicole Oresme, 1325-82)은 속도와 시간의 한계를 그림으로 표시하는 방법을 고안해냈다.

파리학파가 활약했던 14세기, 옥스퍼드대학 머튼 콜리지의 토머스 브래드워딘(Thomas Bradwardine, 1290-1349), 리처드 스와인즈헤드(Richard Swineshead, 1340-55년 경 활약) 등은 아리스토텔레스의 운동론을 수학적으로 정합한 것으로 만들려는 노력을 기울였다. 또 스와인즈헤드는 「등가속도 운동으로 통과한 거리는 그 평균속도로 같은 시간만큼 통과한 거리와 같다」고 하는 「머튼 규칙」을 발견한 인물이다.

(伊藤俊太郎, 『近代科学の源流』, 제10장 및 같은 저자, 『ガリレオ』, 제2부의 전반을 참조했다.)

6.2 갈릴레오 갈릴레이

갈릴레오에 의한 과학의 전개를 보더라도, 근대과학의 형성에서 신비주의의 영향을 과대평가하는 것은 문제가 있다. 갈릴레오의 이론 발전에는 중세 이후의 운동론의 전통, 아르키메데스적인 수학, 사고와 실험의 치밀한 결합, 새로운 관측기계를 사용한 천문관측 등이 관련되어 있기 때문이다.

갈릴레오는 1564년 반종교개혁의 시대에 토스카나 대공국의 피자에서 태어났다. 피렌체를 중심으로 하는 토스카나 대공국은 르네상스를 뒷받침한 메디치가의 지배하에 있었다. 1581년 의사를 목표로 피자대학에 입학한 갈릴레오는 곧 의학에 흥미를 잃어버렸다. 그 계기는 1583년, 수학자 오스틸리오 리치(Ostilio Ricci, 1540–1603)의 수학 강의를 이따끔 청강한 것이었다. 리치는 투사체 운동의 연구로 알려진 타르탈리아(Niccolò Fontana Tartaglia, 1499 또는 1500–57)의 제자였는데, 그의 강의 내용은 투시화법, 역학, 건축술, 해부학 등 실용적이고 기술과 관련된 것들이었다고 한다. 갈릴레오는 1585년 대학을 중퇴하고, 리치로부터 아르키메데스의 수학 등을 배웠다. 부유체나 중심에 대해 쓴 논문으로 인정을 받은 그는 1589년에 피자대학의 수학교수로 초빙되었다.

이 시기에 갈릴레오는 예수회의 학자들에게서 중세 이후 전해진 임페투스설을 배웠다. 관성의 원리로 이어진 이론이었다.

갈릴레오는 1590년경에 쓴 초고에서 아르키메데스를 기반으로 액체 중의 부유체 운동을 생각했다. 여기서 그는 물체의 운동은 무게가 아니라 밀도와 관계된다고 봄으로써 액체운동에 관한 새로운 이론적 힌트를 발견했다. 그러나 논쟁적인 성격으로 인해 피자대학과의 계약 갱신이 위태로워졌기 때문에 1592년 그는 베네치아공화국의 파도바대학으로 옮겼다. 봉급은 올랐지만, 그것으로는 충분하지 않았기에 갈릴레오는 자신이 고안했던 과학 기계를 직인들에게 만들도록 하여 팔기도 했다. 실용과의 강력한 관계였다. 앞에서 말한 것처럼, 갈릴레오는 피자시절부터 아르키메데스 기원의 정역학의 문제에 관심을 두고 있었다. 파도바에서는 모멘트의 개념을 매개로 정역학의 문제를 동역학으로 발전시키고, 훗날 발표하게 된 역학 이론의 기초를 구축했다. (상세한 내용은 伊藤俊太郎,

『ガリレオ』, 講談社, 1985년, 제2부를 참조할 것.) 여기서의 연구 성과는 1632년 『천문대화』나 1638년의 『신과학대화』로 이어졌다. 즉, 관성의 법칙, 운동의 상대성, 투사 물체의 포물선 운동 등이다.

파도바 시절 갈릴레오의 또 다른 중요한 일은 망원경을 제작하여 천문현상을 관측한 것이다. 갈릴레오는 그 관측을 기록한 책 『별세계의 보고』(1609)를 피렌체의 토스카나 대공에게 헌정하고, 그가 발견한 목성의 네 위성을 메디치의 별이라고 이름 붙여 메디치가에 경의를 표했다. 그런 노력 때문이었는지 1610년 갈릴레오는 토스카나 대공 후원의 철학자 겸 주석 수학자로 임명되었다. 그는 피자대학 특별 수학자를 겸임했다. 피렌체로의 복귀는 바꿔말하면 화려한 귀향이었다. 그러나 자유로운 기풍의 베네치아 공화국에서 보수적인 토스카나로 이주한 것은 갈릴레오 재판의 불씨가 되었다.

갈릴레오가 최초의 망원경을 만든 것은 1609년이었다. 네덜란드에서 망원경이 제작되었다는 소문을 들었기 때문이다. 당초의 망원경은 배율이 약 8배 정도였는데, 이윽고 60배의 것도 만들 수 있게 되었다. 갈릴레오가 망원경을 통해 하늘에서 발견한 것은 종래의 상식을 뒤집는 것들이었다. 예를 들어, 달 표면에는 요철이 있다. (그림 6.2). 나아가 태양의 표면에는 흑점이 있다. 이런 관찰들은 천상계가 완전하다는 아리스토텔레스의 주장을 반박하는 것이었다. 또 목성에 위성이 존재한다는 것은 우주에 다수의 중심이 있을 가능성을 시사했다. 이 모든 것들이 코페르니쿠스의 태양중심설에 유리한 증거들이었다. 그는 또 지구중심설에서는 보일 리

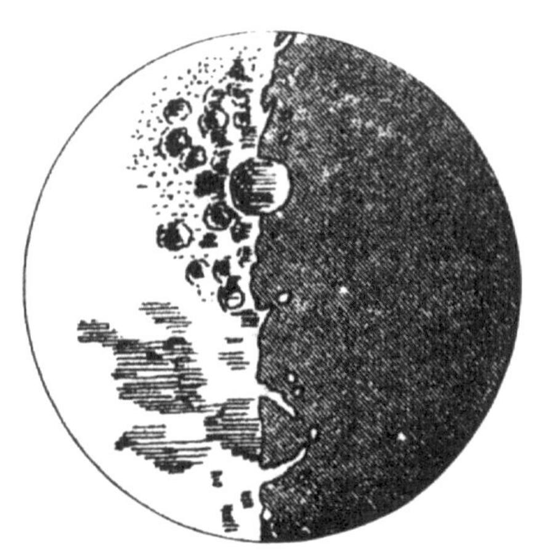

〈그림 6. 2〉 갈릴레오가 본 달의 표면

(출처: ガリレオ, 『星からの報告』, 岩波文庫, 21쪽.)

가 없는 금성의 위상 변화도 관측했다. 갈릴레오는 관측 이전부터 코페르니쿠스의 태양중심설에 호의적이었는데, 이런 관측들은 그가 태양중심설을 더 확신하게 된 계기로 작용했다.

갈릴레오는 그가 발견한 천문 관측들을 정리하여 『별세계의 보고』와 『태양 흑점에 관한 서한』(1613) 등 두 책을 간행했다. 그 내용은 갈릴레오가 태양중심설을 지지하고 있다는 것을 분명히 드러냈고, 그 결과 아리스토텔레스주의자들의 비판을 불러왔다. 마침내 로마 교황청의 이단심문소가 행동을 개시함으로써 1616년 갈릴레오는 가벼운 경고를 받았다. 잠시 동안 자제하고 있던 중, 갈릴레오에 호의적이었던 추기경이 1624년 로마 교황 우르바누스 8세가 되었다. 그러자 갈릴레오는 1632년 『천문대화』를 출판하고, 관성의 법칙과 천문 관측으로부터 본 천상계와 지상계의 동질성 등을 논했다. 관성의 법칙은 지구가 자전하더라도 공중에 뜬 물체가 서쪽으로 날아가지 않는 것을 설명하는 내용이었다. 『천문대화』는 태양중심설과 지구중심설을 똑같이 다루는 것처럼 위장했지만, 실제로는 태양중심설에 호의적이었음이 명백했다. 출판 이듬해 68살의 갈릴레오는 로마의 이단심문소에 소환되어 태양중심설을 철회하도록 요구 받았다. (갈릴레오 재판). 그 뒤 갈릴레오는 자신의 별장에 유배되었다. 거기서 그가 쓴 원고가 투사체의 포물선 운동의 이론을 포함한 『신과학대화』였다. 그 원고는 조용히 네덜란드로 반출되었고, 1638년 갈릴레오가 죽기 4년 전에 출판되었다.

6.3 실험 관측과 갈릴레오의 과학

이상에서 본 것처럼 갈릴레오의 역학이 완성되기까지는 앞선 여러 전통이 영향을 미치고 있었다. 관성의 법칙이 태동하기까지 중세 이후의 임페투스설, 그리고 아르키메데스에게서 유래하는 부유체나 평형의 사고가 특히 중요했다. 아르키메데스의 수학은 실용을 염두에 둔 것으로, 직인적 전통과 관계된다. 직인들의 일에 흥미를 가지고 있던 갈릴레오도 베네치아의 조병창 등을 이따금 방문했다. 그것은 『신과학대화』의 첫머리에 씌어진 내용에서 금방 알 수 있다. 한편, 이론뿐만 아니라 천문 관측도 중요한데, 망원경으로의 관측은 갈릴레오로 하여금 태양중심설을 확신하게 만들었다. 실험 관측은 갈릴레오에게 결정적으로 중요한 몫을 하게 했던 것이다.

그러나 20세기 중엽 이후의 과학사에서는 갈릴레오와 직인적 전통, 또는 실험관측과의 관련성은 경시되는 경향이 있다. 물론 거기에는 이유가 없는 것이 아니다. 예를 들어, 갈릴레오가 교회의 램프가 흔들리는 것을 보고 진자의 등시성을 발견했다는 일화는 사실상 근거가 없다.

또 『신과학대화』에 수록된 피자의 사탑에서의 실험도 갈릴레오 자신은 하지 않았다는 것이 거의 확실하다. 갈릴레오의 역학이 수학적이며 사변적이라는 것을 강조한 과학사가 코이레는 실험은 「갈릴레오에게서 항상 그랬던 것처럼 사고실험이었다」고 단언했다.(『ガリレオ研究』, 法政大学出版局, 1988년 124쪽, 원저 1939년). 그리고 그 영향은 매우 컸다.

실은 갈릴레오 자신도 실험을 경시한 것처럼 보이는 기록을 남기고 있다. 예를 들어, 그는 무거운 것과 가벼운 것이 같은 속

중세의 운동론

갈릴레오 갈릴레이의 이름은 갈릴레오 또는 갈릴레이라고 쓴다. 갈릴레이는 갈릴레오의 복수형으로 갈릴레오가(家)라는 의미이다. 그러므로 갈릴레오 갈릴레이는 갈릴레오가의 갈릴레오를 의미한다. 이탈리아인에게 어느 쪽 용어가 더 좋은지 질문하자 어느 쪽도 상관없지만, 갈릴레오 쪽이 더 친근하다고 했다. 근대 초기의 유명한 인물들인 단테, 미켈란젤로 등도 성이 아니라 이름이라고 한다. 따라서 이 책에서는 갈릴레오라고 표기하기로 했다.

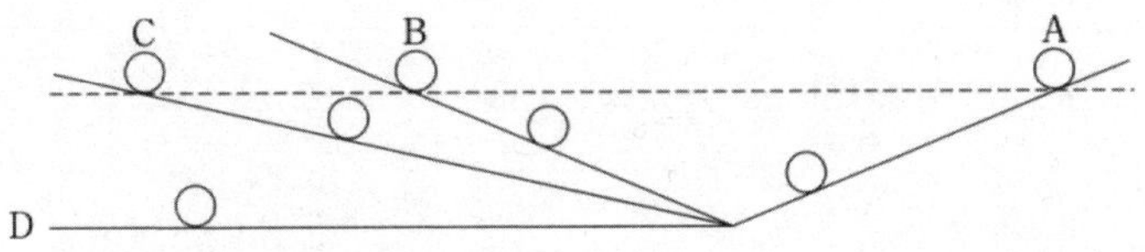

〈그림 6. 3〉 갈릴레오에 의한 관성의 설명

점 A에서 굴러내려가기 시작한 구는 반대의 경사면을 올라 높이가 같은 B까지 도달한다. 경사면의 각도를 완화하더라도 같은 높이의 C까지 도달한다. 따라서 수평면상에서는 무한 지점인 D까지 계속 굴러갈 것이다.

(출처: 放送大学テキスト·橋本毅彦, 『物理科学史』, 70쪽.)

도로 떨어지는 것은「큰 실험을 하지 않아도 간단히 그리고 확실히…증명할 수 있습니다」(『新科学対話』, 岩波文庫, 上, 1937년 97쪽.)라고 말하고 있다. 직후에 그는 혹시 무거운 것이 더 빨리 낙하한다면, 설명이 모순된다고 지적했다. 8의 무게를 가진 물체와 4의 무게를 가진 물체가 있고, 각각 8과 4의 속도로 떨어진다고 하자. 이때 두 물체를 서로 묶으면 어느 쪽 속도로 떨어질까? 12의 속도일까? 양자의 평균속도일까?라는 모순이다. 『천문대화』에 나오는 관성 원리의 설명 또한 사고실험의 색채가 농후하다. 예를 들어, 그림 6.3에 보이는 것처럼, 저항이 없는 평면상의 이상적인 운동을 고찰하는 식이다.

그러나 1970년대 이후 갈릴레오의 원고들 중에서 초고류의 연구를 진행한 캐나다의 연구자 드레이크는 갈릴레오가 역학에서도 실제로 실험을 행했다는 사실을 명확히 했다. 예를 들어, 갈릴레오는 초기의 연구에서 낙체의 운동속도가 낙하거리에 비례하여 증가한다고 예상했지만, 곧 실험에 의해 그것이 성립하지 않는다는 것을 알게 되었다. 그리고 그것이 낙하시간의 제곱에 비례한다는 것

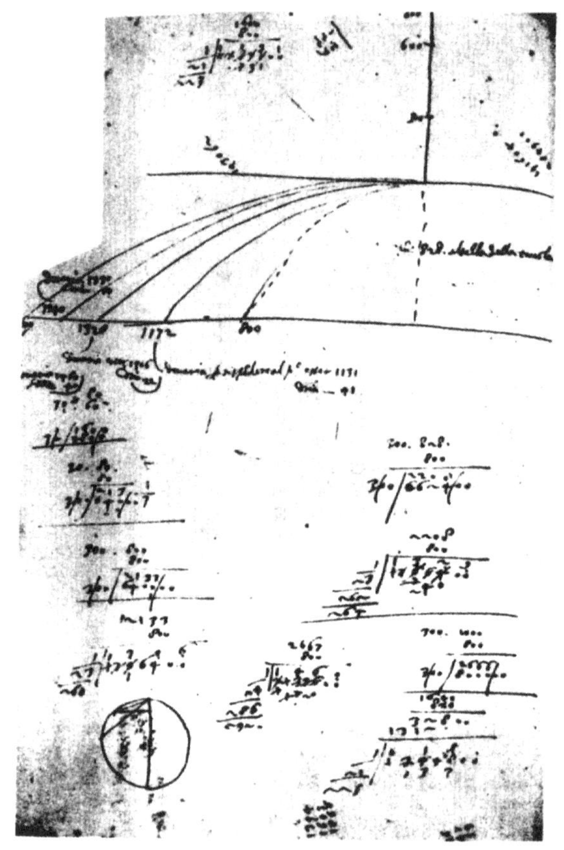

〈그림 6. 4〉 수평으로 던져진 물체의 궤도에 대한 갈릴레오의 실험

(출처: ドレイク, 『ガリレオの思考をたどる』, 産業図書, 133쪽.)

을 깨달았고, 또 투사체가 포물선 궤도를 그린다는 것을 해명했다. 그 과정은 갈릴레오가 손으로 쓴 초고에서 알 수 있다. (그림 6.4).

갈릴레오는 틀림없이 수학이나 사고실험을 활용했다. 그러나 그것을 실험과 연결시켰다. 그 실험은 단순히 사실을 있는 그대로 보기 위한 것이 아니라, 합리적인 사변이나 수학적 논쟁과 유기적으로 연결시킨 충분히 준비한 것이었다. 그것은 수학적 실증주의이며 근대과학의 방법이다. 갈릴레오는 『시금자』(試金者, *Il Saggiatore*)라는 책에서 「자연이라는 교과서는 수학의 언어로 씌어 있다」라는 취지의 말을 했다. 그러나 우리는 그것을 갈릴레오가 수학만을 중시했다고 해석할 수는 없다.

6.4 데카르트와 기계적 철학

이상에서 본 것처럼, 갈릴레오의 과학은 일면 근대적이었다. 그러나 여전히 착오나 낡은 전통을 이어받은 측면도 있었다. 예를 들어, 그가 지구 운동의 증명으로써 『천문대화』에 부여한 조석의 설명은 명백한 오류였다. 또 갈릴레오가 제시했던 관성의 원리는 지선 방향의 관성이 아니라 원의 관성이었다. 즉, 갈릴레오에게 있어서 원운동이야말로 자연스러운 운동이며, 그 때문에 그것은 방해 받지 않는 한 영원히 계속되는 것이다. 이 점에서 그는 고대의 원의 속박에서 벗어나지 못했다고 볼 수 있다. 지표의 운동은 우리들에게는 직선운동으로 보이지만, 크게 보면 지구 표면이라는 원에 따르는 운동이다.

직선운동으로서의 관성운동을 생각한 것은 르네 데카르트(René Descartes, 1596−1650)였다. 그는 보통 철학자로 알려져 있지만, 역학, 광학, 기상학이나 수학과 과학 등에 폭넓은 공헌을 했다. 데카르트는 돌을 끈에 묶어 빙빙 돌리면서 원운동을 시키는 상황을 가정하고, 그 끈이 떨어지면, 돌이 원의 접선 방향으로 진행한다고 말했다. 즉, 원운동은 원의 중심으로부터의 힘이 돌의 운동을 직선에서 일탈하게 함으로써 발생한다. 물체의 본성을 따르는 운동은 직선적이다.

데카르트의 과학은 갈릴레오보다 훨씬 사변적인 색채가 강했다. 데카르트에 따르면, 우주는 물질로 가득 차 있다. 어항을 채운 물을 생각하면 상상할 수 있듯이, 그렇게 충만한 우주에서 허용되는 것은 원운동뿐이다. 따라서 우주는 무수한 와동에서 생겨났다.(와동설). 물질 상호 간의 운동의 전달은 접촉에 의해서만 일어난다. 그것은 마치 톱니바퀴로 운동을 전달하는 기계와 같다. 자연에 대한 이 같은 시각을 기계적 철학(Mechanical Philosophy)이라고 한다. 세계는 기계 시계에 비유되었다. 데카르트만이 아니라 로버트

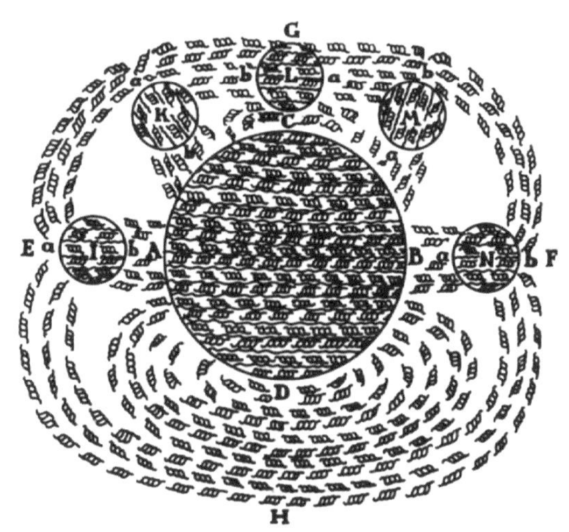

〈그림 6. 5〉 나사를 이용한 데카르트의 자력 설명

(シェイピン, 『科学革命とはなんだったのか』, 白水社, 67쪽.)

보일같이 원자론(입자론)의 입장에 선 기계론자도 또한 자연을 시계에 비유했다. 기계적 철학에서 설명하기 어려운 것은 자력처럼 매개물 없이 원격작용하는 현상이었다. 데카르트에 의한 자기현상의 설명은 이 부분에서는 극도로 사변적이었다. 그림 6.5는 데카르트가 자신의 책『철학원리』(1644년)에 집어넣은 그림이다.

자기의 작용은 나사와 나사 구멍에 의해 설명되었다. 자성체는 나사 형태의 무언가를 방출하고 있는데, 그것이 나사 구멍을 통과할 때는 주위의 공기를 밀어낸다. 그 때문에 빠져나간 공기를 채우는 것처럼 물체가 움직이고 인력이 된다. 나사에는 오른쪽 나사와 왼쪽 나사가 있고, 발산되고 있는 나사와 물체의 나사 구멍의 방향이 일치하지 않을 때에는 반발력이 된다.

6.5 뉴튼에 의한 역학의 완성

뉴튼에 의한 역학의 형성은 데카르트와는 다른 의미로 사변적이었다. 다음 장에서 소개하는 빛의 연구 같은 경우, 뉴튼의 주장은 실험적이었다. 그와는 달리 뉴튼의 역학은 앞선 케플러나 데카르트 등의 과학이론을 합쳐 이론적인 모델을 만듬으로써 탄생했다.

뉴튼의 출발점은 둥근 녹차 상자의 껍질 내측을 화살표처럼 운동하는 물체이다. (그림 6.6). 1665년경의 초고에 보이는 이 연구에서 뉴튼은 운동하는 물체에 작용하는 힘, 현재의 용어로 말하자면 원심력의 크기를 계산했다. 현대적인 표현으로 물체의 운동량을 mv라고 쓴다면, 껍질에 부딪혀 방향이 변할 때 물체에 더해지는 충격량은 $\sqrt{2}mv$가 된다. 네 번 부딪힐 때의 총량을 계산한 다음 그것을 다각형으로 확장하여 같은 계산을 시도한다. 나아가 무한각형, 즉 원운동으로 확장하여 운동량 변화의 총합을 계산한다. 그것을 회전 주기로 나누면, 물체에 더해지는 힘의 크기가 mv^2/r이라는 것을 알 수 있다. 원심력의 크기를 알 수 있다면, 케플러의 제3법칙과 조합함으로써 태양이 행성을 끄는 힘을 계산할 수 있다. 운동의 중심 n을 태양, 원 abcd에 따라 운동하는 물체를 행성이라고 간주한다. 이상과 같은 사색을 통해 뉴튼은 태양으로부터의 인력이 거리의 제곱에 반비례한다는 사실을 이끌어냈다. 사과가 떨어지는 것을 보고 보편중력을 발견했다는 일화와는 달리, 뉴튼은 케플러의 제3법칙을 역학적 모델과 연결시켜 태양의 인력을

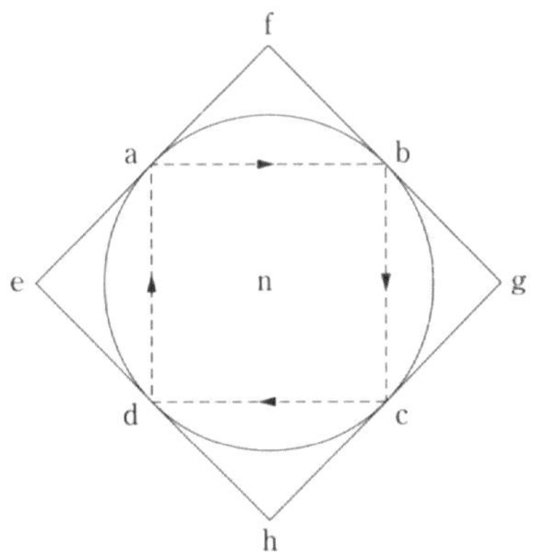

〈그림 6. 6〉 뉴튼에 의한 원심력의 계산

(출처: 中島秀人, 『ロバート·フック　ニュートンに消された男』, 朝日選書, 237쪽.)

계산했던 것이다.

뉴튼은 이 연구결과의 중요성을 충분히 인식하지 못하고 있었다. 그러나 1684년 천문학자 에드먼드 핼리(Edmond Halley, 1656-1742)가 그를 방문하여 행성 운동을 논의한 것을 계기로 위와 같은 생각을 떠올렸다. 그리고 역학의 연구를 더 진행시켜 중력이 보편적이라는 것, 다시 말해 별 이외의 물체 또한 서로 끌어당긴다는 것도 알아냈다. 마침내 뉴튼은 1687년 유명한 운동의 3법칙을 포함한 『자연철학의 수학적 원리』(프린키피아, *Principia*)를 출판했다. 여기서 태양중심설의 역학적 기초가 만들어졌고, 코페르니쿠스 혁명은 완성에 이르게 되었다.

● 학습과제

신플라톤주의나 헤르메스주의(Hermeticism)는 어떤 것일까? 또 그 것들과 과학의 관계에 대해서 어떤 학설이 있는지 조사해보자. 아울러 이런 학설들을 조사할 때 「일자로부터의 유출」, 「하늘과 땅의 대응」, 「성적 이원론」 등의 키워드를 염두에 두자.

◆ 참고문헌

- 伊藤俊太郎, 『ガリレオ』, 人類の知的遺産 31, 講談社, 1985年.
(이토 슌타로, 『갈릴레오』, 인류의 지적 유산 31, 고단샤, 1985.)
근래까지의 연구를 총괄하면서 갈릴레오의 전체상을 알기 쉽게 논하고 있다. 제3부에는 갈릴레오의 중요한 저작들의 일본어역을 수록하고 있다.
- Aiton, E. J. *The Vortex Theory of Planetary Motions* (London: Macdonald, 1972). E·J·エイトン, 『円から楕円へ』, 共立出版, 1983年.
상세한 내용은 제4장의 참고문헌을 참조할 것.
- 渡辺正雄編著, 『ケプラーと世界の調和』, 共立出版, 1991年.
(와타나베 마사나오, 『케플러와 세계의 조화』, 공립출판, 1991.)
신비주의에 대한 케플러의 관여를 잘 이해할 수 있다.
- Henry, John. *The Scientific Revolution and the Origins of Modern Science* (New York: St. Martin's Press, 1997), 2nd ed., 2008. ジョン·ヘンリー, 『17世紀科学革命』, 岩波書店, 2005年.
제4장에서도 참고문헌으로 제시했지만, 여기서는 제3-5장을 참조하기를 권한다. 과학과 신비주의의 전통에 대해서도 근래의 연구들을 균형있게 잘 정리하고 있다.

- 中島秀人,『ロバート·フック　ニュートンに消された男』, 朝日新聞社 朝日選書, 1996年. (나카지마 히데토,『로버트 후크, 뉴튼에 가려진 남자』, 아사히신문사 아사히선서, 1996.)

  제3부 이하에서는 뉴튼의 과학에 대해서도 자세히 다루었다.

7 과학의 제도화와 전문직업화

〈이 장의 학습목표 & 포인트〉 과학의 제도화와 전문직업화란 무엇인가를 왕립학회, 프랑스 왕립 과학아카데미, 에콜 폴리테크니크 등의 사례를 통해서 배운다. 또 뉴튼의 광학 연구와 그 특징에 대해서 알아본다.

〈키워드〉 왕립학회, 프랑스 왕립 과학아카데미, 제도화, 학회, 학회지, 사회적 인지, 프랜시스 베이컨, 전문 직업화, 에콜 폴리테크니크

앞 장에서는 과학혁명의 대표적 사례인 코페르니쿠스 혁명의 완성에 대해서 논했다. 그 시기는 근대과학이 탄생한 것만으로 그치지 않는다. 17세기 중반을 넘어서면서 각종 과학 학회와 학회지가 탄생했다. 당시까지 과학에 대한 정보는 개인적인 만남이나 편지 등을 통해 교환되고 있었다. 그것과 비교하면 학회나 학회지에 의한 정보의 유통은 훨씬 효율적이었다. 과학활동이 사회적으로 인지되기 시작한 것도 이 시기였다. 과학의 이러한 제도적 정비를 전문용어로 「과학의 제도화」라고 부른다. 학회의 씨앗은 이미 17세기 초에 뿌려졌다. 예를 들어, 1603년 아카데미아 데이 린체이(Accademia dei Lincei, 산고양이 학회)가 만들어졌다. 이것은 체지(Federico Angelo Cesi)공이라는 과학을 애호하는 로마 귀족의 살롱

에서 회원 네 명으로 발족했다. 갈릴레오도 1611년에 회원이 되었다. 그러나 페이트런(patron)의 죽음으로 말미암아 이 학회는 1630년에 소멸했다. 1657년에는 아카데미아 델 치멘토가 메디치가를 페이트런으로 창설되었다. 갈릴레오의 제자가 중심이 되어 활약했지만, 이 학회 또한 불과 10년 정도밖에 지속되지 못했다.

7. 1 왕립학회

과학에 대한 최초의 본격적인 학회는 현재도 계속되고 있는 런던의 왕립학회(Royal society)였다. 청교도 혁명이 끝난 직후의

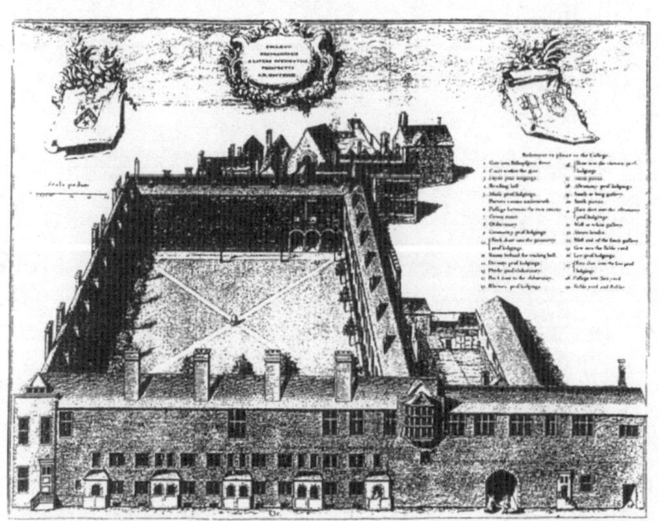

〈그림 7. 1〉 그레셤 콜리지

런던의 유력한 상인 토머스 그레셤의 유언에 따라 1597년에 창설되었다. 일반 사회인을 대상으로 천문학, 기하학 등을 강의했다.

(출처: 中島秀人,『ロバートフック　ニュートンに消された男』, 59쪽.)

1660년 11월 이 학회는 런던의 그레셤 콜리지에서 조직되었다. (그림 7.1).

런던에서는 1645년경부터 그레셤 콜리지 등에서 과학 애호가들의 모임이 이루어졌다. 그러나 청교도 혁명기에 그 모임은 런던과 옥스퍼드로 나누어졌다. 혁명이 끝난 뒤 멤버들이 런던에 재집결했고, 새로운 참가자들 또한 나왔다. 그리고 해외의 움직임에도 대응하여 학회 조직을 발족시키게 되었다. 발족을 결정한 회합에 동석했던 과학자들의 이름을 몇 명 들어보면, 기체 법칙에 이름을 남긴 로버트 보일(Robert Boyle, 1627–91), 현재는 건축가로 알려지고 있는 크리스토퍼 렌(Christopher Wren, 1632–1723), 근대 통계학의 아버지라고 불리는 윌리엄 페티(William Petty, 1623–87) 등이었다. 발족을 결의한 이듬해 국왕은 왕립학회의 설립을 수락했다. 1662년에는 국왕의 공식적인 칙허장이 전달되었다. 학회가 사회적 기관으로 인지되었던 셈이다. (그림 7.2). 그러나 왕립학회는 어디까지나 사적인 모임으로 회비제를 취하고 있었다. (입회금 10실링, 회비 매주 1실링). 왕립학회는 로열 소사이어티를 번역한 말이지만, 여기서 「로열」은 실은 왕립의 의미가 아니었다.

왕립학회는 과학의 진보에 의해 생활을 개선하는 것을 목표로 했다. 그 정신적 지주는 프랜시스 베이컨의 철학이었다. 잘 알려진대로 베이컨은 중세 이후의 스콜라적 학문을 단지 논쟁에만 도움이 될 뿐이라고 비판했다. 이에 비해 직인의 기술적 실천은 사회에 유익하다고 보았다. 인쇄술은 학문의 진보에 봉사하고, 화약은 전쟁, 그리고 나침반은 항해에 도움이 된다. 그러나 직인의 기술은 감각 안에 숨겨져 있어서 말로 표현하기는 힘들다. 따라서 실험 등을 통해 그것을 해명할 필요가 있다. 사실을 모아 비교 대조하고, 비본질적인 것을 제거함과 동시에 실험을 행하여 연구를 진행시킨다. 그 연구는 집단적으로 이루어져야 한다. 베이컨은 자신

〈그림 7. 2〉 스프랫, 『왕립학회의 역사』(1667)의 표지 그림

중앙에 비호자로서 국왕 찰즈 2세, 오른쪽에는 학회의 철학적 지주인 프랜시스 베이컨, 왼쪽에는 초대 회장 브라웅커 경이 있다. 국왕의 왼쪽 뒤에는 보일의 진공 펌프, 후크의 망원경이 그려져 있다.

(출처: 1667년 원저).

의 책『뉴 아틀란티스』에서 과학이 집단적으로 연구되는 이상향으로「솔로몬의 집」을 그렸다. 그것은 왕립학회 그 자체였다. 왕립학회에는 학회지에 해당하는『철학회보(*Philosophical Transactions*)』가 있었다. 이 잡지는 학회 간사인 헨리 올든버그(Henry Oldenburg, 1618–77)가 개인적인 사업으로 1665년부터 간행하기 시작한 것이다. 독일 출신인 올든버그는 외국어에 능통했다. 때문에 해외의 정보에 풍부했고 학회지는 국제적으로 주목 받는 잡지가 되었다.

7.2 17세기 영국의 과학과 기술

왕립학회에서는 매주 회합이 열렸다. 회합에서는 학회로 온 편지가 소개되는 등, 해외의 과학이 화제가 되었다. 실험주임 로버트 후크(Robert Hooke, 1635–1703)가 행한 실험도 회합의 중요한 내용이었다. 보일의 조수였던 후크는 1662년에 왕립학회의 실험주임으로 초빙되었다. 그는 매주 서너 차례의 실험을 하도록 예정되어 있었다. 또 후크는 자신이 현미경을 통해 관찰한 것들을 소개하기도 했다. 1665년 그는 자신의 책『미크로그라피아(현미경 관찰지)』를 출판했다. 후크는 그 안에 곤충이나 식물을 포함한 118장의 아름다운 도판을 수록했다. (그림 7.3). 그때까지 미시세계는 거의 알려져 있지 않았다. 그러므로 그 책은 갈릴레오의『별세계의 보고』에 필적할 만한 충격을 일반사회에 던져주었다.

17세기 과학의 특징 중 하나는 망원경, 현미경, 그리고 진공펌프라는 고도의 실험장치가 사용되기 시작했다는 점이다. 그것들은 예전에는 볼 수 없었던 하늘이나 미시적 세계, 또는 그것 없이는 실현하지 못했던 진공 중의 자연현상을 눈으로 볼 수 있게 해 주었다.

일상적으로 일어나는 현상을 관찰하는 것과는 달리, 그것은 사람이 자연에 강제적으로 개입하는 유형의 실험 관측이었다. 프랜시스 베이큰이 「사자의 꼬리를 묶는」 실험이라고 했던 것이다. 이런 고도의 실험 장치를 제작하는 것은 과학자 개인의 힘으로는 부족했기 때문에 직인의 도움을 받는 것은 필수적이었다. 그런 의미에서 과학은 기술과 관계를 갖게 되었다. 유명한 미국의 사회학자 머튼은 왕립학회의 회원이 학회의 회합에서 제기했던 연구를 분야별로 분류했다. 그것에 의하면, 약 6할이 해운, 광산, 군사, 농

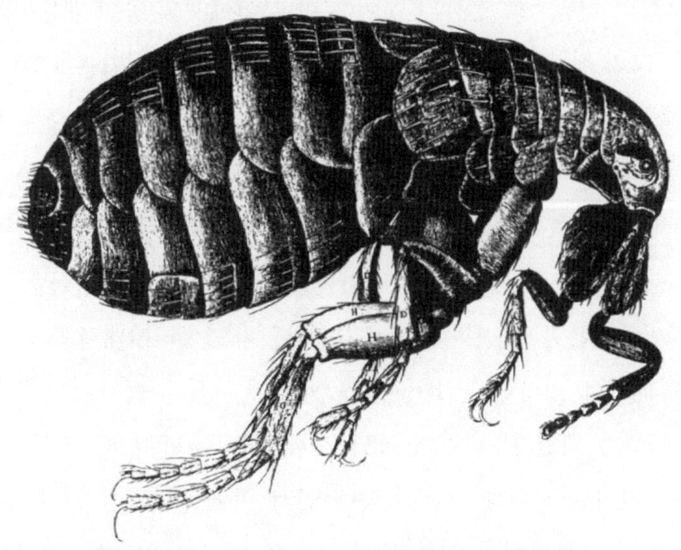

〈그림 7. 3〉『미크로그라피아』에 수록된 거대한 벼룩의 그림

(출처: 中島秀人,『ロバートフック　ニュートンに消された男』, 69쪽.)

업 등과 관련이 있었다. 그러나 그것이 생활이나 산업의 개선에 도움이 되었다고는 알려지지 않는다. 베이컨이 염두에 둔 것처럼 기술의 발달에 과학을 활용하는 움직임이 왕립학회에서 실현되었다고는 말할 수 없다. 기술을 위한 과학이라는 생각은 이 시기에는 아직 슬로건에 지나지 않았다. 기술에 대한 관심 자체가 왕립학회에서는 17세기 말에 이르러 쇠퇴하고 있었다.

7.3 뉴튼과 실험과학

앞 장에서는 뉴튼의 역학에 대해 간단히 다루었다. 역학에 대한 그의 공헌은 비교적 잘 알려져 있다. 그러나 1672년 뉴튼이 왕립학회의 회원으로 선출된 것이 광학 분야에서의 공헌 때문이라는 것은 그리 잘 알려져 있지 않은 것 같다. 회원이 된 그는 1703년부터 죽는 1727년까지 약 20년 이상에 걸쳐 왕립학회의 회장을 역임했다.

아이적 뉴튼은 1642년 런던의 북부 그랜섬의 울즈소프에서 자작농의 아들로 태어났다. 어머니는 뉴튼이 농가를 이어받길 원했지만, 뉴튼은 주변의 권유로 1661년 케임브리지대학의 트리니티 콜리지에 입학했다. 1665년 졸업한 뒤 뉴튼은 콜리지의 펠로우(연구원)가 되었다. 그런데 졸업 직후, 영국에서는 페스트가 유행했다. 전염병을 피해 그는 고향에 일시 귀국했다. 이 시기를 전후로 뉴튼은 앞 장에서 말한 행성 운동의 연구를 진행했고, 나아가 미적분법의 기초를 쌓았다고 한다. 빛과 색에 대한 새로운 이론에 도달한 것도 이 시기였다. 뉴튼의 빛과 색의 연구는 프리즘을 사용한 태양광 스펙트럼의 실험에서 시작되었다. 뉴튼은 태양의 상으로 생긴 무지개색의 스펙트럼을 관찰했다. 그것이 세로로 긴 것을 확인한 그는 태양의 백색광은 굴절률과 색이 다른 여러 빛이 혼합하여 생긴 겉보기의 색이라고 생각했다. 청색이 유리에서의 굴절률이 가장 크고 적색이 낮다. 그 때문에 태양광이 프리즘을 통과하면 무지개색의 스펙트럼이 되는 것이다.

이 연구를 진행할 때, 뉴튼은 망원경의 개량에 관심을 갖고 있었다. 그러나 이 발견으로부터 그는 렌즈를 사용한 망원경의 개량을 단념했다. 렌즈를 사용하는 한, 별에서 오는 빛은 굴절성이 다른 여러 빛으로 분산되고, 상을 올바르게 맺지 못하기 때문이다.

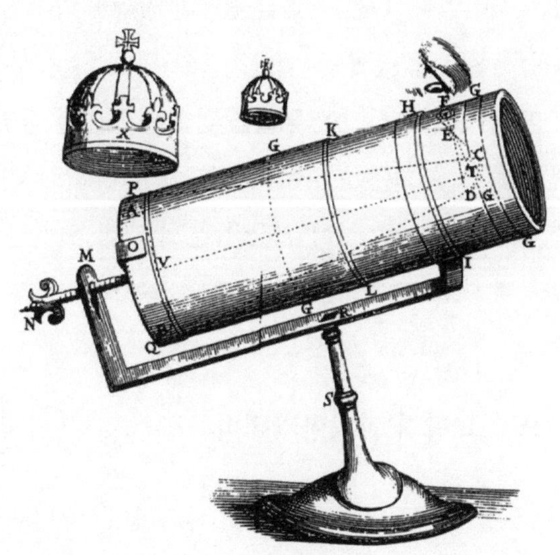

〈그림 7. 4〉 뉴튼의 반사식 망원경

(출처: 中島秀人, 『ロバートフック ニュートンに消された男』, 181쪽.)

따라서 그는 반사경의 이용을 생각해냈다. 반사에서는 스펙트럼으로의 빛의 분산이 발생하지 않는다. 이렇게 발명된 것이 현재 뉴튼식으로 알려지는 반사식 망원경이다. (그림 7.4). 뉴튼은 망원경을 왕립학회에 제출한 공로로 회원으로 선출되었다.

뉴튼은 그로부터 3년 뒤인 1675년 뉴튼 링으로 불리는 연구를 포함한 원고를 왕립학회에 보냈다. 그것은 평평한 유리에 평면볼록 렌즈를 밀착시키면, 빛의 간섭으로 무지개색의 고리가 다수 보이는 현상이다. 뉴튼에 의한 광학상의 연구는 1704년의 책 『광학』으로 정리되었다.

앞 장에서는 뉴튼의 역학이 거의 한결같이 이론적인 고찰에 의해 형성되었음을 지적했다. 이에 비해 빛의 연구는 실험과학의 이름에 어울리는 것이었다. 뉴튼은 연금술에 관해서도 다수의 실험을 진행했다. 나는 뉴튼의 연금술은 일반적으로 말해지는 것처럼 비합리적인 것이 아니고, 전통적인 연금술을 합리화해 가는 물질이론의 연구라고 생각한다. (참고문헌에 수록한 졸고를 참조하길 바란다). 이 판단의 옳고 그름은 별도로 하더라도, 뉴튼의 과학 연구는 전체로 보면, 실험과학과 이론과학이 분리되면서 동시에 병존한 것이었다.

7.4 프랑스 왕립 과학아카데미

영국에서 왕립학회가 발족한 지 6년 뒤인 1666년에 프랑스 왕립 과학아카데미(Académie Royal des Sciences)가 설립되었다. (그림 7.5). 영국의 학회는 과학자의 발의에 의해 성립한 반면, 프랑스 왕립 과학아카데미는 정부의 주선으로 창립되었다.

왕립학회와 마찬가지로 이것에도 앞선 역사가 있다. 1635년 당시 편지를 통한 과학 교류의 중심적 인물이었던 마랭 메르센(Marin Mersenne, 1588-1648)은 과학자들 사이에 교류의 장을 열었다. (메르센 아카데미). 1650년대가 되자 메르센의 모임을 계승하여 몽모르(Pierre Raymond de Montmort, 1635년에 설립된 아카데미 프랑새즈의 회원)의 파리 저택에서 사적인 모임이 열렸다. (몽모르 아카데미). 원자론으로 알려진 피에르 가상디(Pierre Gassendi, 1592-1655), 빛에 대한 호이헨스 원리로 이름을 남긴 크리스티안 호이헨스(Christiaan Huygens, 1629-95) 등이 거기서 활약했다. 그 같은 활동을 알고 있던 루이 14세의 재무장관 콜베르(Jean Baptiste Colbert, 1619-83)는 그 모임에 국가의 원조가 필요하다고 생각했다. 물론 그는 런던 왕립학회의 활동도 염두에 두고 있었다. 콜베르는 파리의 자택 도서실에 과학자를 모아 1666년 왕립 과학아카데미를 발족시켰다. 회원들에게는 국왕으로부터 고정적인 봉급이 지급되었다. 역학, 천문학, 광학 등의 분야에서 다양한 연구를 진행했던 네덜란드인 호이헨스에게는 파격적인 대우를 했다. 하지만, 일반 회원의 급여는 생활하는 데 충분한 금액이 아니었다고 한다.

왕립 과학아카데미는 당초 규정이 없이 운영되었다. 발족한 뒤 30년 이상이 지난 1699년이 되자 마침내 공식적인 회칙이 만들어졌다. 정회원(봉급을 받는 회원)은 총계 20명으로 기하학(수학), 천문학, 역학, 해부학, 화학, 식물학의 여섯 부분으로 나누어졌다. 그 밖에도 무급의 준회원과 학생회원(조수)이 있었다. 연구 주제의

〈그림 7. 5〉 왕립 과학아카데미를 방문한 루이 14세 (1671)

(출처: I. B. Cohen, *Album of Science*, I, Scribner & Sons, 311 그림.)

선택은 자유였고, 회원 전용의 학회지 『주르날 데 사방(*Journal des Scavans*)』도 간행되었다. 아카데미의 업무로서는 정부가 의뢰한 프로젝트의 실시, 특허의 심사 등이 있었다. 영국과는 달리 프랑스 왕립 과학아카데미는 국가기관이었으며 과학계 위에 군림하는 존재였다.

18세기가 되자 회원들 중에서 유명인들이 등장하기 시작했다. 예를 들어, 역학·수학의 분야에서 달랑베르(Jean Lerond d'Alembert, 1717–83), 라플라스(Pierre Simon Marquis de Laplace, 1749–1827), 라그랑주(Joseph Louis Lagrange, 1736–1813), 박물학·식물학 분야에서 뷔퐁(Comte de Buffon, 1707–88), 그리고 화학 분야에서 라봐지에(Antoine Laurent Lavoisier, 1743–94) 등도 회원이었다. 그들 대부분은 프랑스 계몽사상의 형성에도 중요한 공헌을 했다.

7.5 과학의 전문직업화

런던의 왕립학회는 과학을 제도로서 확립했다. 그러나 그 모임은 자발적인 것이었고, 참가한 과학자들도 프로가 아니라 아마추어들이었다. 그들은 귀족이나 궁정인들, 성직자들이었지만, 대학에 근무하던 사람들은 아니었다. 당시의 대학에는 연구를 생업으로 하는 과학자들은 거의 없었다. 대학은 신학, 법학, 의학 교육을 위한 곳으로, 사실상 성직자, 관료, 의사의 양성기관이었다. 자연과학은 기초교양의 일부로서 교육된 것에 지나지 않았다. 뉴튼이 재직했던 케임브리지대학의 루카스 교수직이나 옥스퍼드대학의 세이빌 교수직에서 볼 수 있듯이 수학이나 자연학을 담당하는 교원은 있었다. 그러나 그것은 매우 예외적이었다.

전문 과학사의 분야에서 「과학자」라는 용어는 과학을 직업으로 하고, 그 급여로 생활하는 사람들에게 사용해야 한다고 되어 있다. 당시에는 그런 의미의 과학자가 거의 없었다. 과학이 생계를 이어가는 직업으로 성립한 것을 「과학의 전문직업화」라고 한다. 18세기 말에서야 본격화된 그것을 우리는 「과학의 제도화」의 제2단계라고 말할 수 있다.

그러나 대학에 소수나마 존재했던 과학의 교원직 외에도 직업 과학자가 전혀 없었던 것은 아니다. 예를 들어, 프랑스 왕립 과학아카데미는 봉급을 지급하는 전문 직업화를 선도했다. 단, 소속된 회원이 봉급을 받았던 것은 아니고 금액도 충분하지 못했다. 17

〈그림 7. 6〉 파리 천문대. 1667년에 건설이 개시되었다.

(출처: I. B. Cohen, *Album of Science*, I, Scribner & Sons, 311 그림.)

세기에 본격적으로 직업화된 예외적 분야는 천문대의 일이었다. 1675년 국왕 찰즈 2세의 명령으로 그리니지 천문대가 설립되었다. 그것은 항해술과 천문학의 완성을 위해서였다. 초대 회장 존 플램스티드(John Flamsteed, 1646－1719)는 연봉 100파운드를 받았다. 금액만 본다면, 생활에 충분한 액수였다. 덧붙이자면, 제2대 천문대장은 혜성에 이름을 남긴 에드먼드 헬리였다. 파리에 천문대가 발족한 것은 이에 앞선 1671년(그림 7.6)이었다.

천문대장에는 이탈리아에서 프랑스 왕립 과학아카데미로 초빙된 조반니 도미니크 카시니(Jean Dominique Cassini, 1625－1712)가 취임했다. 그러나 과학이 본격적으로 직업화한 것은 1794년 파리에 창설된 에콜 폴리테크니크(École Polytechnique)였다. (그림 7.7).

당초 에콜 폴리테크니크는 중앙 공공사업학교의 이름으로 발족했지만 이듬해 개칭했다. 이 학교에서는 과학자가 교사로서 교

〈그림 7. 7〉 에콜 폴리테크니크

(출처: 古川安,『科学の社会史』, 南窓社, 99쪽.)

단에 섰다. 초기 교원의 이름을 들어보면, 수학에서는 라그랑주, 몽주, 푸리에, 화학에서는 베르톨레, 푸르크롸, 전기에서는 앙페르 등과 같은 유명한 과학자들이다. 학생도 열학의 사디 카르노를 비롯하여 게이 뤼삭, 푸아송, 뒬롱, 프티, 아라고, 퐁슬레, 코시 등 현재의 과학 교과서를 장식하는 이름들이 다수 보인다.

설립 연대에서 쉽게 상상할 수 있듯이, 에콜 폴리테크니크가 설립된 직접적인 동기는 1789년에 시작된 프랑스 혁명이었다. 1792년에 제1공화제가 성립하자, 공화제의 확산을 두려워한 주변국들은 제1차 대불동맹을 결성했다. 그들은 프랑스를 포위하고 간섭전쟁을 벌였다. 그 때문에 프랑스에서는 기술자가 부족했다. 기술자는 혁명 전에는 구체제에 합류하고 있었기 때문에 망명하는 사람들도 등장했다. 또 간섭전쟁에 대항하기 위해 포병이나 공병이 전쟁에 동원되었다. 기술자를 신속하게 양성하지 않으면 안되었고, 그 때문에 과학자들이 동원된 것이다. 공업 원료의 수입이 두절되었기 때문에, 화약이나 소다 등의 자급체제를 확립할 필요도 있었다. 에콜 폴리테크니크의 설립 시도는 쟈코뱅파의 공포정치가 끝난 1794년 7월 이후 본격화되었다.

에콜 폴리테크니크의 학생들은 프랑스 전역에서 실시된 수학의 경쟁시험을 통해 선발되었다. 정원은 400명(첫해 입학자 390명)이었다. 수험 자격은 징병중인 사람들을 제외하고 16－20살의 남자로, 신분은 묻지 않았다. 수업료는 무료였고 입학자에게는 수당이 지급되었다. 단, 수료 후에는 기사가 되어 공무를 담당하는 것이 조건이었다. 모교의 교원이 된 사람들도 있었다. 신분제도가 일반적이었던 당시, 그 같은 학생 선발 시스템은 매우 파격적인 것이었다.

에콜 폴리테크니크의 교육에 대한 상세한 내용은 다음 장에서 다루겠지만, 아무튼 여기서 처음으로 과학이 전문직업으로써 본격적으로 확립했다고 볼 수 있다. 그것은 과학이 기술과 결합한 새로운 흐름이기도 했다.

● 학습과제

에콜 폴리테크니크의 설립 후, 프랑스의 대학에 어떤 변화가 있었는지를 조사해보자. 참고문헌에서 제시한 후루카와(古川)와 나리사다(成定)의 연구는 특히 참고가 될 것이다. 한편, 키워드로는 과학 파퀼테(faculté, 이학부), 파스퇴르 등을 들 수 있다.

◆ 참고문헌

- 古川安, 『科学の社会史』(增訂版), 南窓社, 2001年. (후루카와 야스, 『과학의 사회사』(증보개정판), 남창사, 2001.)

  르네상스부터 20세기까지의 과학을 폭넓게 다룬 뛰어난 교과서. 이 장과 특히 관계가 있는 부분은 2−6장이다.

- 成定薫, 「欧米における科学の制度化と大学改革」, 渡辺正雄編, 『科学の世界』, 共立出版, 1982年所収. (나리사다 카오루, 「서양의 과학 제도화와 대학 개혁」, 와타나베 마사나오 편, 『과학의 세계』, 공립출판, 1982.)

  각국 과학의 제도화와 직업화 과정이 잘 정리되어 있다.

- 島尾永康, 『ニュートン』, 岩波新書, 1979年, 特装版, 1994年. (시마오 나가야스, 『뉴튼』, 이와나미신서, 1979. 특장판은 1994.)

  뉴튼의 생애를 잘 정리한 좋은 책이다. 아쉽게도 신판은 출간되지 않고 있다.

- 吉田忠編, 『ニュートン自然哲学の系譜』, 平凡社, 1987年. (요시다 타다시 편, 『뉴튼 자연철학의 계보』, 헤이본샤, 1987.)

  뉴튼의 과학을 자세히 알고 싶은 독자들에게 추천할 만하다.

- 中島秀人,『ロバート·フック　ニュートンに消された男』, 朝日新聞社 朝日選書, 1996年. (나카지마 히데토,『로버트 후크, 뉴튼에 가려진 남자』, 아사히신문사 아사히선서, 1996.)

  뉴튼과 후크의 대립을 축으로 17세기 후반의 영국 과학을 정리한 책이다.

- 中島秀人,「ニュートンの錬金術」, 下坂英他編著,『科学と非科学のあいだ』, 木鐸社, 1987年 所収. (나카지마 히데토,「뉴튼의 연금술」, 시모사카 에이 외 편저,『과학과 비과학 사이』, 목탁사, 1987에 수록.)

  뉴튼의 연금술을 어떻게 볼 것인가를 논한 책이다.

8

산업혁명 시대의 과학과 기술

〈이 장의 학습목표 & 포인트〉 에콜 폴리테크니크의 교육 내용과 그 성격, 그리고 영국 산업혁명에서의 과학의 역할을 돌아봄으로써 산업혁명기 과학과 기술의 관계를 이해한다.

〈키워드〉 해석학, 화법기하학, 섬유 생산의 기계화, 증기기관, 직공학교

8.1 에콜 폴리테크니크의 교육

앞 장에서는 과학의 전문 직업화의 사례로서 에콜 폴리테크니크를 살펴보았다. 이 장에서는 교육 내용의 측면에서 이 학교에 대해 알아보자.

1794년 에콜 폴리테크니크의 설립에 노력했던 사람은 라자르 카르노(Lazare Nicolas Marguerite Carnot, 1753－1823, 열역학으로 유명한 사디 카르노의 아버지), 몽주(Gaspard Monge, 1746－1818) 같은 인물들이었다. 에콜 폴리테크니크를 설립할 당시에는 그것을 독립적인 종합학교로 할 것인가, 전문교육으로 가기 위한 예비적 교육과정으로 할 것인가를 두고 의견 차이가 있었다. 설립 당시에는 3년제의 종합학교로 발족했지만, 발족시의 「중앙 공공사업학교」라는 명칭에서 에콜 폴리테크니크로 개칭된 1795년에는 예비적인 교

육기관으로 변모했다. 그것이 결정된 것은 나폴레옹 체제가 확립한 1799년의 학칙 개정을 통해서였다. 에콜 폴리테크니크는 2년제가 되었고, 학교의 졸업생들은 파리의 토목학교(교량제방학교)나 광산학교, 메지에르의 공병학교, 메스의 포병 공학학교 같은 응용학교(에콜 다플리카시옹, école d'appolication)에 진학하여 전공을 배우게 되었다. 이러한 학교들은 구체제 시대의 것들이 부활한 것이다.

표 8.1은 에콜 폴리테크니크 설립시의 교육 프로그램과 과목별 교직원 수를 정리한 것이다. (호리우치 다츠오의 연구에 의한다). 이것에서 알 수 있듯이, 커리큘럼의 중심은 수학, 물리학, 화학이었다. 수학에서는 특히 해석학이 중시되었고, 1학년 때 일반원리와 입체에 대한 응용을 배웠다. 그 뒤 고체, 유체, 기계 등에 대한 해석학의 구체적 응용으로 발전했다. 기초부터 구체적 응용으로 나아가는 흐름은 그 밖의 과목들에도 공통적이었다.

이 표에서 흥미 있는 것은 화학의 교직원으로서 실험실원이 20명이나 배치된 것이다. 강의 뒤에 학생들은 20개 분반으로 나눠졌고, 그들 스스로가 직접 실험하도록 유도되었다. 실제 그것을 실시하는 데는 어려움이 있었지만, 그것은 일찍이 유래가 없었던 의욕적인 시도였다.

후세에 대한 영향 면에서 특히 강조할 것은 커리큘럼에 화법기하학을 도입한 점이다. 그것은 현재 도학(圖學, 이른바 기하학)이라고 불리는 제도(製圖) 교육이었으며, 근대적 공학교육에서는 필수로 여겨져왔던 주제였다. 화법기하학은 메지에르의 공병학교에서 1784년까지 교수로 근무한 가스파르 몽주가 창시한 것이다. 몽

〈표 8. 1〉 초기 에콜 폴리테크니크의 교육 프로그램과 과목별 교직원수

		1학년	2학년	3학년
수학	해석학	일반원리, 입체 기하학에의 응용	고체역학, 유체 역학에의 응용	기계 효율의 계산에 대한 응용
	화법기하학	단면도	항구 이외의 공사, 건축술	축성학
	데생	주로 기복(起伏)과 정물(靜物)의 모사		
물리학	일반물리학	일반물리학	축산학, 위생학의 작업장 견학	기계기술, 화학 기술
	화학	염류	동식물의 유기물	광물

[화법기하학] 주임교사 3명, 반별교사 20명, 모형·제도실 관리원 1명, 소모품 관리원 1명, 석공장·대공·소목장이·자물쇠공 1명, 공예직인 4명, 제도공 3명, 사무원 20명	[해석학] 교사 1명, 사무원 1명 [일반물리학] 교사 1명, 물리실 관리원 1명, 실험조수 1명
[데생] 교사 1명, 조교사 2명	[특수물리학(화학)] 일반교사 3명, 실험실원 20명, 재고관리원 1명

주는 이 기법을 공병학교에서의 교사 시절에 확립했다고 한다.

이런 예에서 알 수 있듯이, 에콜 폴리테크니크의 교육에는 앞선 역사가 있었다. 그 모델은 이미 언급했던 파리의 토목학교(1747년 설립)와 메지에르의 공병학교(1748년 설립)였다. 이러한 학교들에서는 수학이나 물리학, 화학 등을 이미 교육하고 있었다. 즉, 프랑스에서는 혁명 이전부터 과학의 소양을 몸에 익힌 기술자로서의 엔지니어(ingénieur)가 존재하고 있었던 것이다. 이처럼 과학을

기술자 교육에 도입한 시도는 에콜 폴리테크니크에 와서 더욱 강화되었다. 그 배경에는 무엇이 있었을까? 먼저 프랑스 혁명을 뒷받침했던 계몽사상이 이성을 중시함과 동시에 직인적인 지식 또한 중시했던 점을 들 수 있다. 디드로와 달랑베르가 편찬한 『백과전서』에는 기술의 현장을 그린 도판이 다수 포함되어 있다.(그림 8.1). 또 다른 배경으로는 프랑스 혁명을 통해 과학아카데미나 대학이 폐지되었기 때문에 과학자들이 새롭게 봉급을 얻을 필요가 있었던 점, 아울러 고급 과학의 후계자 양성에 위기가 발생한 점 등을 지적할 수 있다. 그러나 무엇보다 중요한 것은 기술의 습득에 수학을 포함한 과학이 필요하다고 본 점일 것이다. 예를 들어, 몽주의 화법기하학은 축성에서 큰 난관이었던 가림물 문제의 해결에도 도움이 되는 것이었다. 적으로부터 공격을 피하는 요새의 형상을 작도에 의해 해명하는 것이다. 또 18세기 중반에 프랑스 정부에 제출된 어떤 문서에 따르면, 기사는 재료의 저항력, 옹벽에 대한 토압의 이론 등 역학적 지식을 알아야 하고, 그 계산에는 미적분 같은 고급 수학을 배울 필요가 있다고 씌어 있다. 아울러 대포의 조작에 수학적 방법이 중요하다는 것은 17세기 후반부터 이미 강조되고 있었다. 이런 일련의 흐름들이 합쳐진 결과 기술교육에 과학지식을 도입하는 경향이 촉진된 것으로 보인다.

취업의 면에서 보면, 에콜 폴리테크니크를 졸업한 학생들의 주된 진출 분야는 과학지식을 배운 기술자를 요구하는 군사분야였다. 그 밖에는 토목이나 광산 분야였다. 이윽고 민간에의 취업도 시작되었지만, 프랑스에서 기계제 공업이 발달한 것은 1820년 이

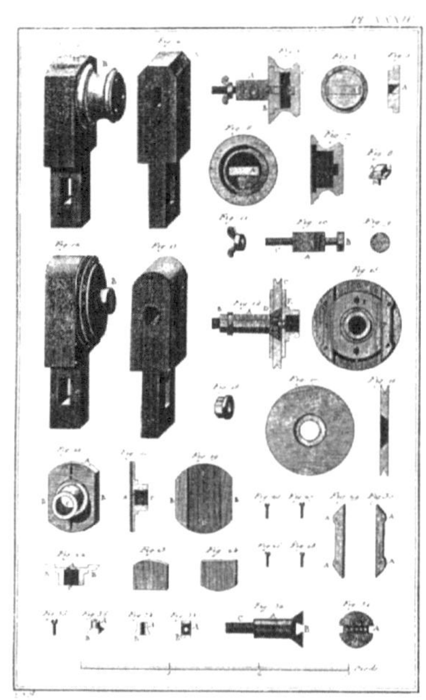
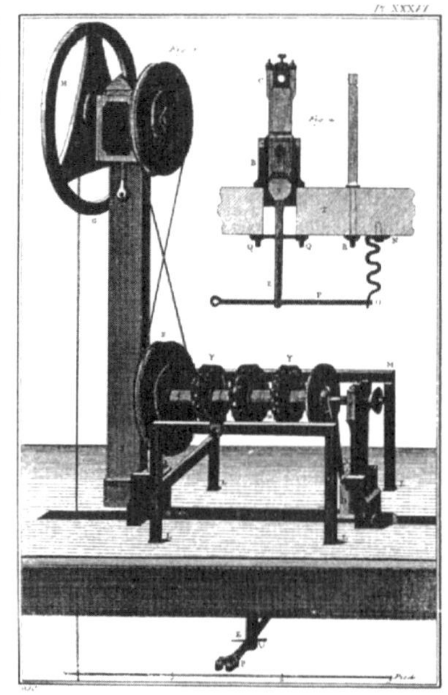

〈그림 8. 1〉『백과전서』에 그려진 선반과 부품의 그림

(출처: ブルースト, 『百科全書絵巻』, 平凡社, 414쪽.)

후였다. 게다가 에콜 폴리테크니크 교육의 주된 목적은 군사였다. 그러므로 기술에의 과학의 도입은 그 시대의 산업기술의 발전에는 이어지지 못했다. 그것은 산업혁명이 프랑스에서가 아니라 영국에서, 그것도 에콜 폴리테크니크에 앞선 시대에 시작된 것에서 상징적으로 드러난다.

8.2 영국의 산업혁명

18세기 후반 영국에서 시작된 산업혁명은 사회경제의 구조변화를 포함한 넓은 변혁이었다. 이 책의 주제와 관련된 기술의 관점에서는 섬유생산에 기계가 도입된 점, 이것에 동반하여 공장제 수공업(manufacture, 매뉴팩처)에서 공장제 기계공업으로의 이행이 시작되었고, 공업 생산력이 높아졌다는 점 등이 중요하다.

영국 산업혁명의 기술적 동기는 목면 생산에 기계가 도입된 점이었다. (표 8.2 참조). 우선 케이(John Kay, 1704－64)는 나는 북(flying shuttle, 배틀에서 날실 사이에 씨실을 넣는 데 쓰이는 배 모양의 도구)을 발명함으로써 직포의 능률을 대폭 향상시켰다. 그 때문에 재료인 면사가 부족하여 실 제조(방적)의 기계화가 진행되었다. 그러자 이번에는 역직기에 의해 직포의 생산이 기계화되었다. 나는 북의 단계에서는 동력이 인력이었지만, 방적의 동력원에는 수차가 이용되었다. 수차를 대신하여 와트의 증기기관이 도입되었고, 산업발전은 급속도로 진행되었다.

경공업에서의 이 같은 진보는 19세기 중반에 이르러 제철산업 등 중공업으로 이어졌다. 예를 들어, 1850년에 영국의 강철 생산은 5만 톤을 조금 넘었지만, 그로부터 30년 뒤에는 144만 톤으

〈표 8. 2〉 영국 산업혁명과 관련된 기술적 발명

1712년 뉴커멘의 대기압 기관
1733년 케이의 나는 북
1765년 하그리브즈의 제니 방적기
1769년 아크라이트의 수력 방적기
1769년 와트의 복수 분리기(증기기관의 개량)
1779년 크롬프튼의 물 방적기
1785년 카트라이트의 역직기

〈그림 8. 2〉 1840년(왼쪽)과 1850년(오른쪽)의 영국 철도망
(출처: シヴェルブシュ,『鉄道旅行の歴史』, 法政大学出版局, 42쪽.)

로 약 30배 증가했다. 철의 수요를 뒷받침한 것 중 하나는 철도망의 발전이었다. 증기기관차에 의해 여객철도가 실용화된 것은 1830년의 리버풀=맨치스터 철도를 통해서였다. 철도의 부설은 비교적 단기간에 급속히 진행되었다. 1845년경이 되자 철도열(railway mania)이라는 현상이 영국에서 일어났고, 그에 따라 눈부신 속도로 철도망이 건설되어 갔다. (그림 8.2). 이로써 사람의 이동까지도 기계화, 동력화되었다.

8.3 산업혁명과 과학

산업혁명의 시기에 과학과 기술의 관계는 어땠을까? 케이의 나는 북은 분명 직인의 개량이었으며 과학과는 관계가 없다. 아크

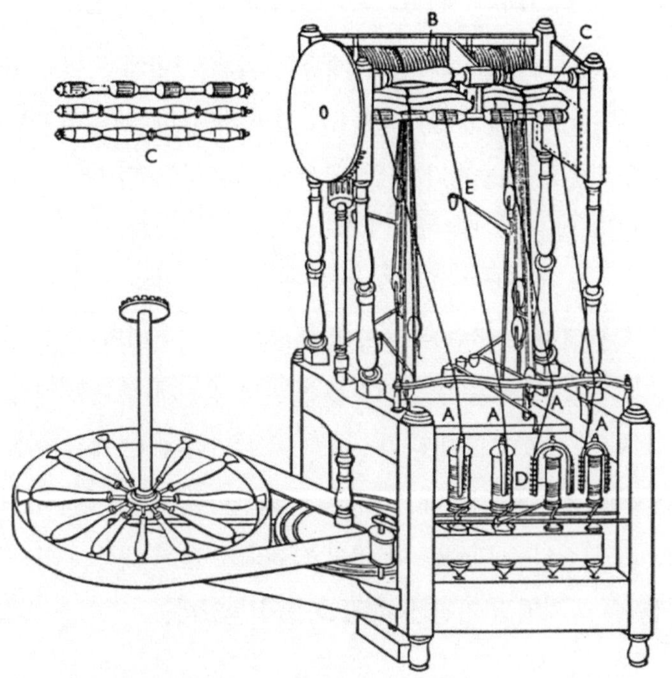

〈그림 8. 3〉 아크라이트의 수력 방적기

(출처: シンガー, 『技術の歴史』, 제7권, 226쪽.)

라이트의 수력 방적기는 언뜻 보면 매우 복잡하게 보인다. (그림 8.3). 그러나 아크라이트는 어린 시절 이발사 도제 수행에 보내졌고, 일생 동안 문자를 잘 쓸 수 없었다고 알려질 정도이다. 표 8.3에서 알 수 있듯이, 영국의 산업혁명을 뒷받침한 것은 주로 자수성가한 직인들이었다.

와트의 증기기관은 어떤가? 제임즈 와트는 그보다 앞선 토머스 뉴커멘의 대기압 기관을 개량하여 더 효율이 높은 증기기관을 만들었다. 뉴커멘의 기관은 광산의 배수에 널리 사용되어온 기관이었다. 와트에 의한 그 같은 개량과 과학 사이에는 어떤 관계가 있을까? 뉴커멘의 기관은 그림 8.4(왼쪽)와 같다. 보일러로부터 실린더에 고온의 수증기가 공급되고 피스톤이 상승한다. 여기서 밸브를 닫고 실린더 내부에 냉수를 분사한다. 그러면 수증기가 응축하여 피스톤이 내려가고 작업이 진행된다. 이것을 본 와트는 뉴커멘의 기관에서는 냉수 분사시에 실린더가 식어버리는 것을 알았다. 따라서 그는 수증기의 냉각을 실린더 밖에서 하도록 개량했다. (그림 8.4 오른쪽). 뜨거운 수증기는 응축기(콘덴서, 또는 복수기)로 보내지고, 거기서 차갑게 식어 물로 되돌아온다. 뉴커멘의 기관과는 달리 실린더를 데우는 데 열이 낭비되지 않기 때문에 와트의 증기기관은 뉴커멘의 기관에 비해 효율이 높았다.

〈표 8. 3〉 영국 산업혁명의 주역들

이 름	주요한 발명과 개량	출신 직종
뉴커멘(1663-1729)	대기압 기관	대장간
케이(1704-64경)	나는 북	직포공
하그리브즈(1778 사망)	방적기	방적공
와트(1736-1819)	증기기관	과학기구 직인
아크라이트(1737-92)	방적기	이발사
카트라이트(1743-1823)	직기	교회 목사
크롬프튼(1753-1827)	방적기	방적공
브라마(1748-1814)	자물쇠	기계공
모즐리(1771-1831)	선반	기계공
휘트워스(1803-87)	게이지, 표준 나사 등	기계공
G. 스티븐슨(1781-1848)	증기기관차	탄광 화부

와트가 이 같은 기관을 구상하게 된 동기는 그의 친구인 과학자 조지프 블랙(Joseph Black, 1728−99)에게 배운 잠열의 지식이었다고 보는 관점도 있다. 그러나 실린더가 냉수에 의해 식는다는 단순한 사실을 깨닫는 데 과학지식이 반드시 필요할까? 실제로 와트 자신은 잠열의 지식을 블랙에게서 배운 것은 사실이지만, 「나의 개량이 그런 커뮤니케이션에서 유래한다고는 결코 생각해본 적이 없었고, 또 생각할 수도 없는 것이다」고 명언하고 있다. 잠열의 지식과 증기기관의 개량은 서로 다른 것이었다는 점이다. 즉, 와트의 증기기관을 포함한 영국 산업혁명의 전개와 과학 사이에는 서로 거의 관계가 없었다고 볼 수 있다.

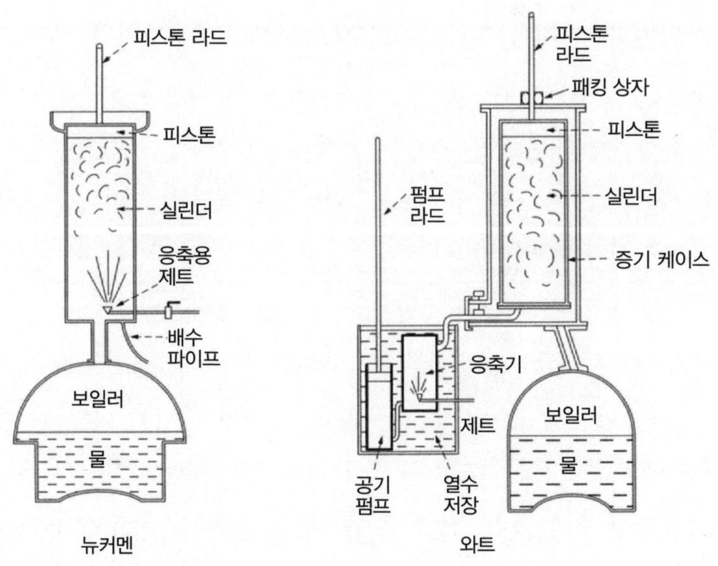

〈그림 8. 4〉 뉴커멘과 와트의 증기기관

(출처: ディッキンソン, 『蒸気動力の歴史』, 87쪽.)

8.4 직인에 대한 과학교육

그러나 기술이 고도로 발달함과 동시에 영국에서도 직인에 대한 과학교육이 서서히 시작되었다. 구체적으로는 초등의 과학교육을 실시하는 직공학교(Mechanics Institute)가 19세기 전반 영국에 확산되었다. 그 계기를 마련해 준 사람은 와트의 증기기관 개량과 관계가 있는 인물이었다.

와트는 스코틀런드 서쪽 그리녹의 선박 직인이자 항해기구 제작자였던 아버지에게서 태어났다. 열여덟 살 때 런던으로 건너가 실험기구의 제조기술을 연마했다. 마침내 스코틀런드로 돌아왔지만, 그곳에서 도제수행을 하지 않았기 때문에 길드에는 참여할 수 없었다. 그러나 대학의 알선으로 글래스고우대학 부설의 실험기구 제작자가 될 수 있었다. 1765년, 한 교사는 와트에게 고장으로 작동을 멈춘 뉴커멘 기관의 모형을 수리해줄 수 있는지 물었다. 이 사건이 계기가 되어 와트는 앞에서 말했던 것처럼 증기기관의 개량을 시작하게 되었다.

모형의 수리를 의뢰한 인물은 존 앤더슨(John Anderson, 1726-96)이었다. 그는 글래스고우대학의 제3대 자연철학 교수였다. 평소에 그는 직인 등 근로자의 교육에 관심이 많았고, 대학에서 독립한 사회인 교육을 위한 과학교육 기관을 자신의 유산으로 세우는 꿈을 꿨다. 그 꿈은 앤더슨 인스티튜션(Anderson Institution)으로 실현되었다. (1796년). 여기서 교편을 잡은 조지 버크벡(George Birkbeck, 1776-1841) 등의 노력에 힘입어 직공학교 설립의 움직임은 영국 전역으로 퍼져 나갔다. (그림 8.5). 직공학교에서의 교육 내용은 수준 높은 것이라고는 볼 수 없었지만, 수학, 천문학, 화학, 생리학(해부) 같은 과학적 내용을 포함한 것이었다.

그러나 영국에서는 기술자에 대한 과학교육이 프랑스와는 비교할 수 없을 정도로 뒤처져 있었다. 대학으로의 과학교육의 도입 또한 잉글런드에서는 1870년대까지도 여전히 그 필요성이 논의되고 있었을 정도였다.

〈그림 8. 5〉 1851년 영국에서의 직공학교 분포

(출처: カードウェル,『科学の社会史』, 昭和堂, 90쪽.)

이상에서 알 수 있듯이, 산업혁명의 시대에는 영국은 물론 프랑스에서도 과학연구의 성과가 기술의 발전과 연결되는 경우는 거의 없었다. 오히려 사디 카르노에 의한 열기관의 연구 사례에서처럼, 기술적 발전의 성과가 과학에 새로운 연구 테마를 제공했던 것이다.

칼럼 앤더슨과 일본의 공업 교육

앤더슨은 일본의 기술자 교육의 시작과도 인연이 깊다. 일본 공업 교육의 아버지라고 불리는 조슈한(長州藩)의 야마오 요우조(山尾庸三, 1837－1917)는 1863년 일본을 밀출국했다. 그는 글래스고우의 조선소에서 직공일을 하면서 앤더슨 인스티튜션(앤더슨 콜리지)에 다녔다. 귀국한 뒤 동경대학 공학부의 전신이 된 코우부(工部)대학교의 설립을 위해 노력했다. (1873년에 코우가쿠료(工學寮)로서 설립). 그 초대 교장 헨리 다이어는 야마오와 같은 시기에 앤더슨 인스티튜션에서 공부했다. 글래스고우 시절 둘 사이에 개인적 만남은 없었다고 알려지지만, 그 같은 인연이 다이어와 야마오의 협력을 원활하게 했던 것만은 분명하다.

(三好信浩, 『明治のエンジニア教育』, 中公新書, 1983년.)

● 학습과제

영국의 산업혁명에 대해 좀 더 자세히 조사해보자. 특히 케이의 나는 북 등의 기술적 개량에 대해서는 인터넷에서 사진 등을 찾아보자.

◆ 참고문헌

- D. S. L. Cardwell. *Turning Points in Western Technology: A Study of Technology, Science, and History* (New York: Science History Publications, 1972). D·S·L·カードウェル,『技術·科学·社会』, 河出書房新社, 1982年.

  근대 기술사의 고전적 명저. 산업혁명기의 기술에 대해서는 제3장을 참조. 아쉽게도 신판은 간행되고 있지 않지만, 도서관 등에서 참조하길 권한다.

- Singer, Charles et al., eds. *A History of Technology*, 5 vols (Oxford: Oxford Universioty Press, 1954−58). チャールズ·シンガー他編,『技術の歴史』, 増補版, 全14巻, 筑摩書房, 1978−81年.

  제3장의 참고문헌을 참조. 산업혁명기의 기술에 대해서는 제7, 8권을 읽을 것.

- 中山秀太郎,『技術史入門』, オーム社, 1979年. (나카야마 히데타로,『기술사 입문』, 홈사, 1979.)

  산업혁명을 다룬 제5장에서는 당시의 직인들의 실태를 알 수 있다. 공작기계를 발전시킨 자수성가한 직인들의 사제관계에 관한 내용이 특히 흥미롭다.

- D. S. L. Cardwell. *The Organisation of Science in England* (London: Heinemann, 1957). D·S·L·カードウェル,『科学の社会史』, 昭和堂, 1989年.

영국의 과학 및 기술 교육의 발전에 대해 다룬 책으로 다소 전문적이다.

- 堀内達夫, 『フランス技術教育成立史の研究』, 多賀出版, 1997年. (호리우치 타츠오, 『프랑스의 기술교육 성립사 연구』, 다하출판, 1997.)

  에콜 폴리테크니크를 중심으로, 프랑스 기술교육의 성립을 자세히 논하고 있다. 전문적인 내용이기 때문에, 에콜 폴리테크니크에 특히 관심을 가진 독자들에게 권한다.

9

미국식 대량생산 시스템의 탄생

〈이 장의 학습목표 & 포인트〉 19세기 후반의 미국에서 호환성 부품에 의한 내구소비재의 생산이 확립한 과정을 공부한다. 또 이 같은 기술진보가 과학의 성과에 의한 것이 아니라, 기술적인 연구의 축적이었다는 사실을 이해한다.

〈키워드〉 런던 만국박람회, 수정궁, 호환성, 미국식 시스템, 대량생산, 포드

9.1 런던 만국박람회

1851년 세계 최초의 만국박람회(The Great Exhibition)가 런던의 하이드 파크에서 개최되었다. 런던 만국박람회는 전성기의 영국에서 개최되어 영국이야말로 가장 진보한 공업국가라는 것을 보여주었다. 이후 만국박람회는 각 시대의 과학기술의 달성과 미래사회의 청사진을 제시하는 것으로 회를 거듭해왔다. 1970년의 오사카 만국박람회(일본 만국박람회)에서는 미국이 달의 운석을 전시했고, 2005년 아이치 만국박람회(일본 국제박람회)에서는 환경이 주제가 되었다.

런던 만국박람회의 개최를 적극 지원한 인물은 빅토리어 여왕의 남편 알버트공이었다. 박람회는 5월 1일부터 10월 15일까지

약 5개월 반에 걸쳐 열렸다. 영국 안에 이미 촘촘히 부설되어 있던 철도를 이용하여 각지에서 관람객들이 방문했다. 입장한 인원은 합계 600만명으로, 당시 영국 인구의 약 3분의 1에 이르렀다. 런던 만국박람회에서는 전시관 자체가 전시물이라고 볼 수 있었다.(그림 9.1). 수정궁이라고 불리는 이 건물은 길이가 약 540미터, 폭이 124미터, 높이 30미터로 철과 유리를 주재료로 완성되었다. 수정궁의 모습은 거대한 온실과 같은 것으로, 돌이나 벽돌로 건물을 짓던 종래의 방식과는 달랐다. 실제 이 건물을 설계한 사람은 조지프 팍스튼(Joseph Paxton, 1803–65)이라는 정원사이자 건축가였다. 그는 아일런드의 데본셔 공저에 대온실을 만든 인물로 알려져 있다.

10만점에 이르는 전시품들 중에는 사람들을 놀라게 한 것들

〈그림 9. 1〉 런던 만국박람회 전시관 [수정궁]

(출처: Victoria & Albert Museum, *The Great Exhibition*, Her Majesty's Stationery Office, 42쪽.)

이 많았다. 산업혁명시대를 대표하는 증기기관차를 비롯하여 증기 동력을 이용한 해머도 전시되었다.(그림 9.2). 그것은 제임즈 네이스미스(James Naismith, 1808-90)라는 직인이 증기선의 두꺼운 축을 연마하기 위해 고안한 것이었다. 해머 부분의 상승뿐만 아니라 하강 시의 가속에도 증기력이 이용되었다. 네이스미스는 근대적인 선반을 제작한 직인 헨리 모즐리(앞 장 표 8.3 참조)의 제자였다. 같은 모즐리의 제자로 정반(定盤) 제작법을 발명하고, 측장기(測長器), 게이지류를 고안한 조지프 휘트워스의 기계도 전시되었다.

〈그림 9. 2〉 네이스미스의 증기 해머

(출처: 『サイエンスを再演する Part2』, 北樹出版, 117쪽.)

그것은 공작기계에 의한 정밀가공의 발전에 자극을 주었다. 그 밖에 왕복 펌프를 대신하는 원심 펌프, 근대적 시멘트인 포틀런드 시멘트가 전시되었다. 또 한 시간에 신문 5,000부를 인쇄할 능력을 가진 고속 윤전기를 사용하여 『일러스트레이티드 런던 뉴스』의 인쇄 시범이 행해지기도 했다. 해외의 공업제품으로는 독일의 크루프사로부터 2톤의 강철 덩어리가 출품되어 사람들을 놀라게 했다. 그러나 각종 전시에서 영국 우위는 명백했으며, 영국의 제품들은 많은 상을 받았다. 특히 최고의 상인 카운실 메달은 총 166개 중 절반에 가까운 79개를 영국이 수상했다.

9.2 미국 시스템

이에 대해 20세기에 거대 공업국이 된 미국이 받은 카운실 메달은 5개에 불과했다. 그뿐만 아니라 미국의 전시품은 좀처럼 정돈되지 못했고, 프랑스 다음으로 넓은 전시 면적을 얻었음에도 불구하고, 만국박람회가 시작된 뒤에도 물품이 미처 다 도착하지 않았을 정도였다. 그러나 미국의 전시품들은 서서히 사람들의 주목을 끌기 시작했다. 그 계기가 된 사건들 중 하나는 자물쇠 열기 콘테스트였다. 박람회장에는 영국이 자랑하는 브라머 자물쇠(모즐리의 스승 조지프 브라머가 만든 것)를 열쇠 없이 여는 사람에게 200기니의 상금을 준다는 광고가 붙어 있었다. 브라머 자물쇠는 18세기 말에 발명된 뒤 그 누구도 열 수 없는 것이었다. 그러나 이것을 미국의 홉스라는 사람이 약 1개월 만에 열어버렸다. 더욱 흥미로운 것은 그것과 달리 홉스가 갖고 있던 미국의 자물쇠는 어느 누구도 열 수 없었다는 것이다.

기계 분야에서는 미국의 사이러스 매코믹의 자동수확기(reaper, 현재의 콤바인과 닮았지만 탈곡기능은 없다)가 주목을 받았다. (그림 9.3). 영국에서는 당시 작물을 자동으로 베는 기계는 거의 알려져 있지 않았다. 매코믹의 기계에 의한 수확 시범은 만국박람회장에서 떨어진 농장에서 실시되었다. 그 기계는 하루에 20에이커를 베는데 성공함으로써 사람들의 주목을 모았다. 매코믹의 베는 기계는 카운실 메달을 받았다.

영국인들에게 강한 인상을 던져 준 또 하나의 전시품은 미국의 로빈즈 & 로런스사가 전시한 여섯 정의 라이플총이었다. 이 라이플총들은 부품을 서로 바꾸어서 조립이 가능했다. 당시는 공업제품이라고 해도 호환성이 없는 것이 보통이었지만, 무기에서 부

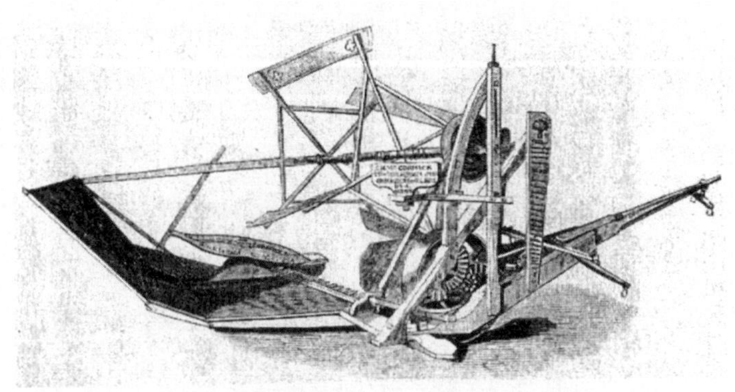

〈그림 9. 3〉 매코믹의 자동수확기

(출처: 吉田光邦,『改訂版·万国博覧会』, 日本放送出版協会, 61쪽.)

품의 호환성은 특히 중요했다. 특히 영국 군인들의 요구에 답하여 라이플총 부품의 호환이 가능해진 것이다.

근래의 연구에서는 이 총의 호환성은 광고했던 것만큼 완벽하지는 않았다고 한다. 그러나 기계를 가지고 호환성 있는(있다고 하는) 부품을 만들고 제품을 조립하는 것은 미국식 시스템(또는 미국적 제품방식)으로 주목을 받게 되었다.

미국의 전시품들 중에는 그 밖에도 재봉틀, 목공기계 등에 대한 평판이 높았다. 영국이 미국에 패배했다는 과장된 평가가 나왔을 만큼 런던 만국박람회에서 미국의 전시품들은 영국 사회에 충격을 던져주었다. 그것은 반드시 양국 산업의 실력을 반영한 평가였다고 볼 수는 없지만, 오늘날의 관점에서 보자면, 영국인들이 자국의 미래를 염려했던 점은 옳았다. 19세기 말 미국의 공업 생산액은 세계 최고가 되었고, 영국·프랑스·독일의 합계에 거의 필적할 정도에 도달했다.

런던 만국박람회 이후, 1853년부터 1854년에 걸쳐 영국으로부터 두 그룹이 미국을 조사하기 위해 방문했다. 첫 번째 조사는 버밍엄의 국립 공예학교 교장 조지 월러스와 앞 절에서 다룬 직인 휘트워스에 의한 조사였다. 미국에서는 런던 만국박람회를 모방하여 1853년 뉴욕에서 만국박람회가 열리기로 결정되어 있었다. 월러스와 휘트워스는 그 위원으로 초대되었다. 그런데 준비 부족으로 뉴욕 만국박람회의 개최가 1개월 반 정도 연기되었기 때문에 미국 도착 이후 약 두 달 간 그들은 미국 내의 생산현장을 돌아보았다.

방문단은 1854년에 『특별보고서』를 영국 의회에 제출했다. 그 보고서에 따르면, 금속가공에 사용하는 미국의 공작기계는 영국의 것에 미치지 못한다. 가공은 조잡하고 제품의 디자인은 조악하다. 그러나 미국인들은 어떤 분야에서건 사용할 수만 있다면 기계를 도입하려고 한다. 영국에서는 기계가 노동을 빼앗는다고 보았기 때문에 노동자들이 기계를 기피하는 경향이 있었는데, 그것은 영국과 미국의 큰 차이였다. 이 보고서는 구체적인 예로서 미국의 스프링필드라는 병기 제조공장에서는 일련의 공작기계를 사용하여 총의 개머리판을 단시간에 만들 수 있다고 기술하고 있다. 영국인들은 미국인들의 광범위한 기계의 도입에 흥미를 보였던 것이다.

또 한 그룹의 조사단은 1854년에 영국 의회가 공식적으로 미국에 파견한 것이었다. 권총, 소총 등 소화기의 효율적인 제조와 공급을 주제로 하는 위원회가 전문가들을 파견했다. 영국은 크림전쟁 중에 소화기의 공급이 부족했다. 따라서 건설 중이던 새로운 병기 공장에 기계를 사용한 호환성 부품의 총기 제조, 즉 미국식 제조방식을 도입할 것을 검토했다. 위원회에서는 앞서 미국에서 조사했던 휘트워스와 월러스에게 의견을 묻고, 나아가 직전에 런던에서 총기 공장을 건설한 새뮤얼 콜트에게도 조언을 구했다. 콜트는 「기계로 생산할 수 없는 것은 아무 것도 없다」고 위원회에서 증언했다. 그러나 호환성에 대해서는 미적지근했다.

두 번째 조사단에 의한 『미합중국의 기계에 관한 위원회 보고서』는 1855년에 제출되었다. 그 보고서도 전년도의 것과 마찬가지로 미국의 공작기계가 그다지 좋지 않다는 점을 지적했다. 그러나 미국의 공장에서는 공작기계의 전용화가 진행되고 있다는 점, 각각의 기계가 매우 한정된 용도로 사용되고 있다는 점, 일의 순서가 체계적으로 이루어지고 있다는 점 등을 명확히 했다. 전년도의 보고서가 기계의 광범위한 사용에 주목했던 것과 비교할 때, 그 조사 보고서는 호환성에 의한 생산을 더욱 강조했다. 조사단은 전년도의 조사단과 마찬가지로 스프링필드 병기공장을 방문하여 완전한 호환성을 가진 총기가 그곳에서 생산되고 있다는 사실을 확인했다. 공장장의 허가를 얻어 1844년부터 1853년까지 제조된 머스킷총 10정을 끄집어내어 분해했다. 그리고 같은 부분의 제품을 총

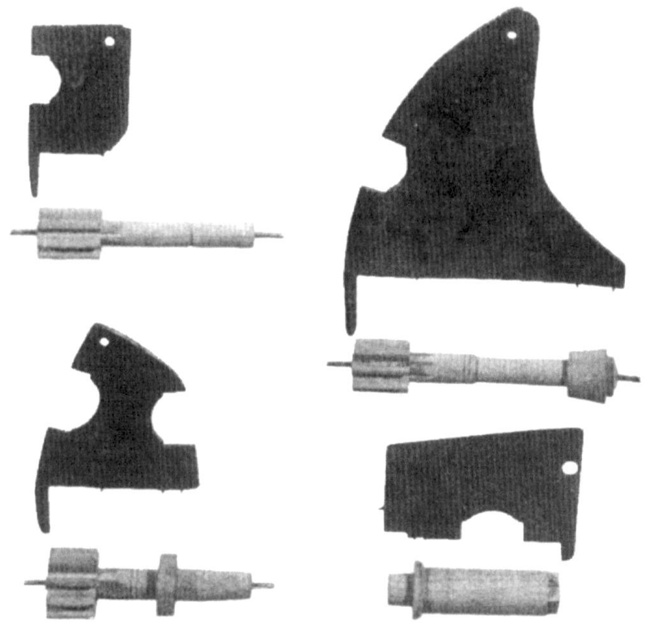

〈그림 9. 4〉 목공용의 게이지와 그것으로 제조된 부품들

(출처: ハウンシェル, 『アメリカン·システムから大量生産へ』, 75쪽.)

기 상호 간에 임의로 교환할 수 있다는 점을 확인했다. 조사단 중 한 사람이었던 존 앤더슨은 이 병기 공장의 생산에는 지그(jig), 설치도구, 게이지(그림 9.4, 여기서는 참고로 목공용으로 사용된 게이지를 보여주고 있다)의 사용이 중요한 역할을 하고 있다는 것을 알았다. 모두 다 가공의 정밀도를 높이려는 시도들이었다. 이것들에 의해 공장 안에서 규격이 통일되었다.

9.3 호환성 제조의 기원

기존의 연구는 호환성 부품에 의한 제품의 제조가 19세기 중반 콜트의 권총에서 시작되었고, 거의 비슷한 시기에 싱어가 재봉틀 제조에 호환성 부품을 채용했다고 생각했다. 특히 1855년 콜트가 코넥티컷주 하트퍼드에서 총기공장을 새롭게 정비한 것을 강조했다.

그러나 이 분야의 뛰어난 미국인 연구자 데이비드 하운셀(David Hounshell, 1950-) 등에 의한 근래의 연구에 따르면, 호환성 제품은 콜트와 같은 민간 기업이 아니라 미국 육군의 병기공장에서 시작되었다. 그것은 1820-40년대에 걸쳐 본격화되었다고 한다. 실제 호환성 부품에 의한 제조는 병기공장에서의 방식이라는 것으로, 당시의 미국에서는 「공창방식」이라고 불렸다. 영국의 조사단이 스프링필드 병기공장에서 본 것은 바로 그 최신의 제조방식으로 만들어진 총기였다. 그러나 그 같은 정밀한 생산방식은 제조비용이 높고, 민간에는 매우 느리게 확산되었다.

실은 미국의 호환성 제조방식에도 앞선 역사가 있었는데, 아이러니하게도 그것은 영국의 숙적 프랑스의 군대였다. 프랑스에서는 18세기 중반 무렵 드 그리보발(Jean Baptiste de Gribeauval, 1715－89) 장군이 무기의 개혁에 착수했다. 그리고 1765년 이후 무기의 표준화가 진행되었다.

미국이 독립전쟁에서 승리한 것은 1783년이었다. 그 직후에 주프랑스 공사였던 토머스 제퍼슨(훗날 미국의 제3대 대통령)은 프랑스의 호환성 무기제조에 주목하여 1785년 이를 미국에 보고했다. 그는 오노레 블랑이라는 사람이 만든 총기의 발사장치에서 부품이 서로 교환될 수 있다는 것을 알았다. 3년 후 제퍼슨은 머스킷총 견본을 송부할 예정이라고 편지에 썼다. 그 같은 움직임이 계기가 되어 미국 육군의 스프링필드 병기공장 등에서 호환성 제조가 시작되었다. 그 성공에는 앞 절에서 말한대로 정밀 가공을 위한 기구가 중요한 몫을 맡았다.

9.4 포드와 대량생산 시스템의 확립

공창방식은 병기공장에서 경험을 쌓은 직인들이 민간에 이동해가는 현상 등에 의해 19세기 후반 미국 내에 보급되었다. 호환성 부품에 의한 제조는 마침내 재봉틀, 타자기, 자전거 등의 민간부분에 퍼져나갔다. 그러나 그 보급은 천천히 이루어졌다. 예를 들어, 싱어사에서는 병기공장의 생산기술에 정통한 기계공을 1862년에 고용하는 것으로, 생산 시스템의 개혁을 시작했다. 그러나

1888년경에 이르러서야 마지막 조립시에 줄질로 마무리 할 필요가 줄어들었다. 그것도 완전한 호환성이라고 말할 수는 없었다.

참된 의미에서 호환성 부품에 의한 대량생산을 확립한 것은 헨리 포드(Henry Ford, 1863–1947)였다. 그것은 1908년에 발매한 T형 포드에서 본격적으로 실현되었다. 이 장의 제목은 런던 만국박람회 이후 주목 받기 시작한 초보적인 호환성 생산을 포함하여 막연하게 「미국식 대량생산 시스템」이라고 붙였다. 그러나 학문적으로 더 정확하게 말하자면, 그것은 「미국식 시스템」으로부터 「대량생산」에 도달한 일련의 과정이다. 포드의 단계가 되자 일찍이 고비용으로 여겨졌던 공창방식이 대중(매스)을 위해 싼 값에 내구소비재를 제조하는 대량생산(매스 프로덕션)으로 그 모습을 변화시켰다.

포드는 디트로이트 근교에서 농가의 아들로 태어났다. 16살 때 집을 나와 기계공이 되었고, 28살이 되던 1891년에는 엔진·전기·조명회사의 기사직을 얻었다. 포드는 여가를 이용하여 자동차를 시험적으로 만들었다. 엔진에 주목한 그는 주변의 기대를 모으며 자동차 제작을 계속했다. 1899년에 엔진·전기·조명회사를 그만두고, 1903년에 포드 자동차회사를 설립했다. 소형으로서 사용하기 쉬운 A형이나 N형은 높은 평가를 받았다. 그러나 포드사가 명성을 얻은 것은 역시 T형으로, 그것은 1927년 생산을 종료할 때까지 총계 약 1,500만 대가 조립된 빅히트 상품이었다.

포드사가 호환성 제조를 채택하게 된 데는 1906년 월터 플랜더스라는 기계공을 고용한 것이 중요한 계기가 되었다고 한다. 당시 플랜더스는 공작기계를 판매하던 세일즈맨이었다. 일찍이 싱어사에 근무한 적이 있었던 그는 새로운 제조방식을 알고 있었다. 플랜더스가 입사하자 포드사 공장의 공작기계는 기계 종류가 아니라 가공순서별로 배치되었다. 플랜더스는 호환성 부품에 의한 제조의 중요성을 주장하고, 전용기나 단능 공작기를 사용함으로써 생산성을 향상시킬 수 있다는 것을 보여주었다.

포드는 훗날 요청에 응하여 대량생산에 대한 해설을 『인사이클로피디어 브리태니커』에 기고했다. 거기서 그(실제로는 그의 대필자)는 대량생산의 기초는 만들어진 상품이 계획에 따라 순서대로 진행해 가는 것, 또 작업을 분석하여 구성요소로 나누는 것이라고 지적했다. 그림 9.5(a)는 실례가 되는 판용수철의 제조이다. 판용수철은 조금씩 길이가 다른 일곱 장의 용수철 판을 조합하여 만든다. 각각의 용수철 판은 그림 9.5(b)와 같은 과정으로 제조된다. 즉, 작업자는 재료인 판을 펀치프레스에 의해 규정된 길이로 절단하고, 동시에 구멍을 뚫은 뒤에 일련의 전용가공기를 순서대로 거쳐 가공한다. 이렇게 각각 별개로 만든 일곱 장의 판을 마지막에 조합한다.

이것에서 알 수 있듯이 포드사의 생산 시스템은 단순히 호환성 부품을 채용한 것뿐만이 아니었다. 작업을 요소로 분해하여 순서대로 나열함으로써 공정을 합리화하고, 제조상의 시간 손실을 줄이는 방식이었다. 이 같은 제조는 판용수철뿐만 아니라 차체의 모든 부분의 제조에도 쉽게 응용 가능했다. 그리고 차의 최종 조립에도 확대할 수 있는 것이었다. 그것이 쉽게 행해질 수 있었던 이유는 포드사가 차종을 T형 하나로 압축했기 때문이었다.

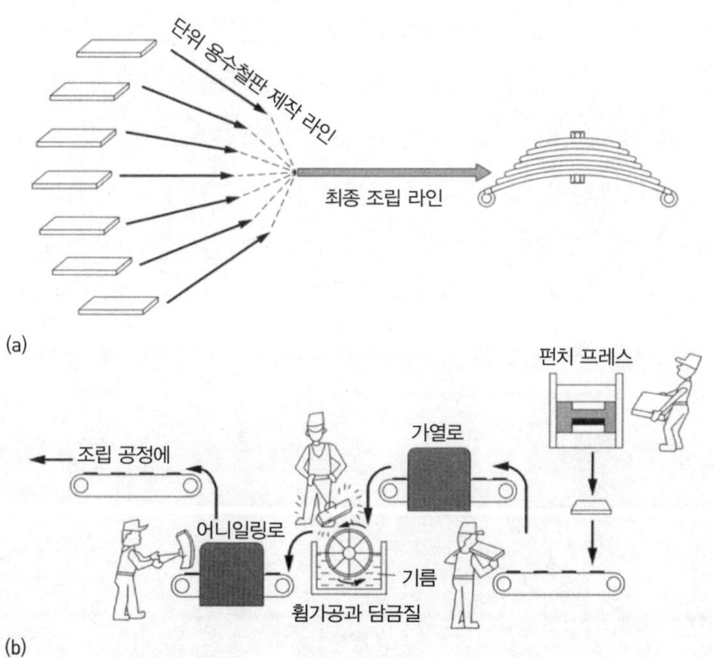

(a) 제조되는 판 용수철과, (b) 그 가공 라인의 모형도

〈그림 9. 5〉 판 용수철의 제조 공정

(출처: 中岡哲郎, 『人間と技術の文明論』, NHK市民大学テキスト, 日本放送出版協会, 30-31쪽.)

포드사는 1904년 디트로이트의 피킷 애비뉴에 자사 공장을 세웠다. 1910년에는 역시 디트로이트에 하일런드 파크공장을 개업했다. 여기서는 공정을 순서대로 나열하는 방식을 발전시켜 조립 라인을 도입했다.

그 최초는 1913년에 설립된 자석 발전기의 생산라인이었다. (그림 9.6). 그것은 컨베이어에 의한 전송작업으로 향하는 첫걸음이었다. 전송작업이 실시된 시기는 정확히 알려져 있지 않지만, 그것은 공장의 변화가 너무 빨라서 기록이 남겨져 있기 않기 때문이다. 조립라인의 도입에 의해 생산성은 향상되어 갔다. 라인이 들어가기 전에는 차의 샤시 1대 당 조립에 약 12시간 반 정도가 걸렸다. 첫 조립라인의 이용에서 그것은 5시간 50분으로 단축되었다. 1914년 6월에 체인을 사용한 컨베이어라인이 도입되자 결국 27분이 되었다. 그에 동반하여 T형 포드의 가격도 내려갔다. 1908년에는 한 대당 850달러였던 것이 1916년에는 360달러로 절반 이하가

〈그림 9. 6〉 포드사가 최초로 조립한 라인 (1913)

(출처: ハウンシェル, 『アメリカン·システムから大量生産へ』, 311쪽.)

되었다. 노동자의 급여도 올라갔는데, 1914년에는 그때까지의 일당 2달러가 5달러로 올라갔다. 그것은 가혹한 노동으로 인한 높은 이직률을 막기 위한 대책이었다.

칼럼 미국에서의 기계화

미국에서는 대량생산이 확립되기 훨씬 전부터 각종 기계적 설비가 고안되고 있었다. 개척을 효율적으로 할 수 있는 도끼나 능률이 높은 독특한 낫 등이 발명되었다. 미국은 넓은 국토에 이민으로 이루어진 나라였기 때문에 노동력도 직인도 널리 분산되어 나갔다. 따라서 기계화에 대한 저항은 크지 않았다. 일찍이 1785년 올리버 에번즈라는 수차 직인이 자동 제분공장을 설립했다. 초기 기계화의 예로서는 엘리 휘트니의 조면기(cotton gin)도 유명하다. (1793년). 채취한 면화의 불순물을 제거하고 섬유를 끄집어내는 이 발명품은 수작업에 비해 약 50배 정도의 능률이 있었다. 본문에서 말한 매코믹의 자동수확기(1831년)도 역시 힘을 줄이기 위한 기계적 고안이었다. 그 밖에도 기계식 재봉틀의 원리로 1846년에 특허를 얻은 엘리어스 하우(Elias Howe, 1819-67) 등 남북전쟁 이전부터 미국은 창의적 고안에 가득 찬 나라였다. 매코믹이나 싱어는 자동수확기나 재봉틀을 할부로 판매했는데, 그것도 미국다운 판매방식이었다.

● 학습과제

이 장에서 다룬 산업혁명 이후의 시대에는 제철기술의 진보 또한 매우 중요한 역할을 담당했다. 그것에 대해 조사해보자. (키워드: 코크스 제철, 선철(주철), 강철, 연철, 베세머 제강법, 평로).

◆ 참고문헌

- 吉田光邦, 『改訂版·万国博覧会』, 日本放送出版協会, 1985年. (요시다 미츠쿠니, 『개정판·만국박람회』, 일본방송출판협회, 1985.)

  만국박람회의 역사와 의의를 알기 쉽게 정리하고 있다. 런던 만국박람회에 대해서는 제Ⅱ장을 참조할 것.

- 森果, 『アメリカ職人の仕事史』, 中公新書, 1996年. (모리 타카시, 『미국 직인의 노동사』, 중공신서, 1996.)

  개척시대부터 19세기말까지의 미국의 기술발전을 논한 양서이다. 이 장과 특히 관계가 있는 것은 제4, 5장.

- 橋本毅彦, 『<標準>の哲学』, 講談社選書メチェ, 2002年. (하시모토 다케히코, 『〈표준〉의 철학』, 고단샤선서, 2002.)

  책의 앞 부분에서 호환성 생산의 확립에 대해 자세히 다루고 있다.

- Hounshell, David A. *From the American System to Mass Production: 1800－1932* (Baltimore: Johns Hopkins University Press, 1984). デーヴィット·A·ハウンシェル, 『アメリカン·システムから大量生産へ』, 名古屋大学出版会, 1998年.

  남북전쟁 이전부터 포드에 이르기까지 미국의 대량생산 확립의 역사를 다룬 뛰어난 연구서이다. 전문적인 내용이지만, 관심있는 독자들에게는 꼭 추천하고 싶다.

10

기술자: 기업 안의 과학자

〈이 장의 학습목표 & 포인트〉 현재와 같은 의미의 기술자가 등장한 과정을 역사를 거슬러 공부한다. 이것을 통해 기술자라는 말이 다양한 의미로 쓰이고 있는 배경을 이해한다. 나아가 근대적 기술자의 등장 과정이 과학과 기술의 융합과 관련되어 있다는 것을 파악한다.

〈키워드〉 기술자, 유기화학, 합성 염료, 엔진, 기업 연구소, 과학에 기초를 둔 기술

10.1 기술자는 어디에 있는가?

제8장의 후반과 제9장에서는 산업혁명부터 19세기에 이르기까지 기술의 전개를 살펴보았다. 제8장의 표 8.3에서 보았던 것처럼, 영국 산업혁명의 주역은 자수성가한 직인들이었다. 제9장의 주제였던 미국에서의 대량생산의 확립에 공헌했던 사람들도 이 점은 유사했다. 포드의 출자에 대해서는 9.4절에서 다룬 대로이다. 그 밖의 사람들에 대해서 말하자면, 다섯 살 때 아버지의 직물공장을 돕기 시작한 새뮤얼 콜트(Samuel Colt, 1814–62)는 선원 등을 거쳐 1836년에 총기 제조를 시작했다. 아이적 싱어(Isaac Singer, 1811–75)는 열 두 살 때 집을 나와 16년간 각지에서 기계공으로

솜씨를 연마했다. 그가 재봉틀 제조회사를 설립한 것은 1851년이었다. 자동수확기를 발명한 매코믹(Cyrus McCormick, 1809−84)도 대장장이였던 아버지 밑에서 기술을 익혔다. 그들 모두 고등교육을 받지 않은 기술자들이었다. 미국과 영국의 차이를 들자면, 미국인들은 기술자임과 동시에 뛰어난 사업가이기도 했다는 사실이다. 넓은 의미에서 그 시대 영국과 미국의 산업을 짊어진 그들 또한 기술자에 포함될 것이다. 하지만, 그들은 오늘날의 기술자가 가진 이미지, 즉 대학에서 이공계의 교육을 받은 현장의 연구자들과는 달랐다. 그림 10.1은 주요 나라의 연구자(문과계를 포함한다)들을 소속된 조직별로 표시한 것이다. 어느 나라든지 대학에 소속된 연구자와 비교할 때, 기업의 연구자가 매우 많다는 것을 알 수 있다. 기업에 근무하는 연구자들은 대부분 이공계의 연구자들이며 기술자에 해당하는 사람들이 주류였던 것을 알 수 있다.

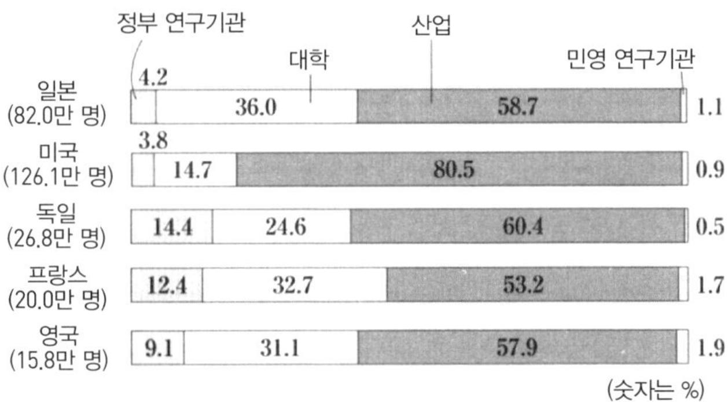

〈그림 10. 1〉 주요 국가의 연구자 수의 조직별 비율

(출처: 平成 19年度, 『科学技術白書』에서 수정 인용.)

10.2 근대적 기술자의 여명

자수성가한 직인들을 대신하여 고급 과학교육을 받은 기술자들이 주류가 된 것은 18세기 중엽부터로 추정된다. 제8장의 8.1절에서 언급했던 것처럼, 프랑스에서는 1747년 파리에 토목학교가, 1748년에는 메지에르에 공병학교가 설립되었다. 그 학교들에서는 수학, 물리학, 화학 등의 교양을 갖춘 기술자(ingénieur)들이 양성되었다. 호리우치 다츠오(堀内達夫)의 연구에 따르면, 1765년에 나온『백과전서』, 제8권(1765년)에는 기술자에 대한 항목이 있다. 즉, 기술자에는 전쟁과 관련된 사람들, 바다와 관련된 사람들, 토목(원어로는 교량과 제방을 가리키는 ponts et chausséés가 해당한다)과 관련된 사람들 등 세 종류가 있다고 한다. 그들에게는 산술, 기하학, 역학, 수리학, 그리고 어느 정도의 데생 능력이 요구되었다.(『フランス技術教育成立史の研究』, 多賀出版, 1997년 제1장 제2절). 이 책 제8장에서 말했던 것처럼, 그들은 무엇보다 군사기술로서의 공병학(프랑스어로 génie militaire)을 담당할 목적으로 양성되었고, 그것에서 토목공학(génie civil)이 분화해 나갔다. 이렇게 서서히 형태를 갖추기 시작한 기술자 교육의 정점이 에콜 폴리테크니크였던 것이다.[1)]

이처럼 프랑스에서는 교육 주도로 기술자가 양성되어 갔다.

---

1) 같은 시기 독일에서는 기술학(테히놀로기, Technologie)이 성립했다. 이것은 관리 양성을 위한 관방학이었는데, 생산에서 사용되는 도구나 장치, 또는 작업 형태의 비유나 분류가 주된 관심사였다. 이 점에서 기술자에 대한 과학교육의 도입이라는 것과는 성격을 달리한다.

그러나 과학교육의 도입이 늦은 영국에서는 기술자의 출현은 자연스럽게 다른 길을 취했다. 직능집단으로서의 기술자가 먼저 성립한 것이다.

구체적으로 말하면, 18세기 후반의 영국에서는 직인을 넘어 십장으로서 대규모의 토목공사를 감독하는 사람들이 다수 출현하기 시작했다. 토머스 텔퍼드(Thomas Telford, 1757-1834)나 마크 이삼버드 브루넬(Marc Isambard Brunel, 1769-1849) 등이다. 그들은 고등교육을 받지는 않았지만, 도로나 다리, 항만의 건설 등에 활약한 기

〈그림 10. 2〉 이삼버드 킹듬 브루넬(위 그림)과 그가 건조한 그레이트 이스턴호(아래 그림).

(출처: Adrian Vaughan, *Isambard Kingdom Brunel*, John Murray Pub.)

술자들이었다. 브루넬은 터널의 실드 공법을 고안한 사람으로 알려져 있다.

그 다음 세대에 이르면, 공학교육을 받은 사람들도 등장했다. 예를 들어, 브루넬의 아들 이삼버드 킹듬 브루넬(Isambard Kingdom Brunel, 1806–59)은 프랑스의 대학에서 교육을 받았다. 유능한 철도 기사였던 그는 터널이나 다리, 기차역 등을 설계했다. 또 그레이트 브리튼호, 그레이트 이스턴호라는 유명한 대형선박의 건조에도 참가했다. (그림 10.2). 조지 스티븐슨의 외아들 로버트 스티븐슨(Robert Stephenson, 1803–59)도 이 세대에 속했는데, 그는 에딘버러대학을 졸업한 뒤 아버지를 도와 철도기사가 되었다.

기술자를 직능집단으로 조직한 선구자는 그들에 조금 앞선 존 스미튼(John Smeaton, 1724–92)이었다. 스미튼은 초등학교를 졸업하고 과학 실험기구 제조자가 되었다. 1753년에는 수차나 풍차의 연구로 인정을 받은 결과 왕립학회의 회원으로 선출되었다. 그 뒤 스미튼은 항만 등의 건설 감독을 담당하면서 토목공학(civil

〈표 10. 1〉 19세기 영국에 설립된 주요한 기술자 협회

1818년 토목 기술자 협회
1847년 기계 기술자 협회
1863년 가스 기술자 협회
1869년 철강 협회
1871년 전신 기술자 협회
1871년 전기 기술자 협회
1889년 해양 기술자 협회
1889년 광산 기술자 협회
1892년 광산 야금 협회

engineering)의 중요성을 설파했다. 1771년에는 토목공학자의 모임(나중의 스미튼 협회)을 설립했다. 이 같은 직능집단은 19세기 이후 영국에서 점점 증가했다. (그림 10.1). 전문 분야별로 기술자가 조직된 것이다. 각종 협회의 조직화는 브루넬이나 스티븐슨의 아들 세대에 대응하는 것이었다.

10.3 과학과 기술의 융합

그러나 오늘날의 의미에서 기술자에 해당하는 사람들이 등장한 것은 19세기 후반이었다. 이 시기가 되자 과학에 기초를 둔 기술(science based technology)이 등장했고, 기업 활동의 영역에서는 과학교육을 받은 기술자들이 점점 요구되었다. 그 대표적인 예는 유기화학 분야였다. 화학의 공업적 이용은 18세기에도 무기화학 분야에서 나타났다. 식염에서 소다(탄산 나트륨)를 만드는 방법, 르블랑법(1783년)이 대표적이다. 19세기에는 르블랑법과 비교하여 환경에 대한 영향이 훨씬 적은 솔베이법이 확립되었다.(1863년). 그러나 유기화학의 성립과 함께 과학연구에 의해 화학이 진보하게 되었다.

그 시작은 1856년 영국의 화학자 윌리엄 퍼킨(William Henry Perkin, 1838-1907)이 아닐린 염료를 합성한 것이다. 당시 퍼킨은 왕립 화학대학(Royal College of Chemistry, 1845년 설립)의 학생이었다. 그는 콜타르에서 키니네(말라리아 치료약)를 합성하는 도중에 자색의 아닐린 색소를 우연히 얻게 되었다. (그림 10.3). 그것이 인도에서 수입되고 있던 비싼 천연염료인 남(藍)과 비슷하다는 것을 알게 되자, 퍼킨은 학교를 중퇴하고 그 합성 염료(모브, mauve라고 명명)를 제조하는 공장을 설립했다.

그러나 영국은 과학을 고등교육에 도입하는 데 뒤처져 있었기 때문에 본격적인 공업화는 독일에 양보해야만 했다. 퍼킨을 지도했던 아우구스트 호프만(August Wilhelm von Hofmann, 1818-92)은 독일에서 초빙된 교사였다. 그리고 호프만의 은사는 독일의 기센대학에 화학실험실을 도입했던 유스투스 폰 리비히(Justus Freiherr von Liebig, 1803-73)였다. (다음 장 11.2절 참조). 호프만은 1865년 독일에 돌아와 베를린대학에서 후진의 양성에 힘썼다. 이 같은 인재육성의 성과가 결실을 맺으면서 19세기 후반 독일에서는 화학적으로 약품이나 염료를 합성하는 화학공업이 발전했다. 독일의 대표적인 화학공업인 바이어(Bayer)사와 획스트(Hoechst)사는

〈그림 10. 3〉 퍼킨의 모브와 그것으로 염색한 숄

(출처: 古川安,『科学の社会史』, 南窓社, 149쪽.)

1863년, BASF사는 1865(전신은 1861)년에 설립되었다.

과학에 기초를 둔 기술의 또 하나의 대표적 예는 전기기술이다. 정전기는 고대로부터 알려져 있었지만, 정상적인 전류를 얻을 수 있게 된 것은 1800년 과학자 볼타에 의한 전지의 발명 덕택이었다. 정상전류를 초기에 기술적으로 이용한 것은 전신이었다. 그 시도는 1810년경에 시작되었다. 1830년대가 되자 철도전신 등이 실용화되었고, 모스(Samuel Morse, 1791–1872)의 전신기도 발명되었다. 빠른 진보로 말미암아 1851년에는 영불해협을 횡단하는 해저케이블이, 1857년에는 대서양을 횡단하는 해저 케이블이 설치되었다. 그러나 이 장에서 중요한 것은 더 큰 전압과 전류를 다루는 강전(强電) 분야이다.

백열전등에 의한 전기조명과 급전망(給電網)의 정비를 통해 이 분야를 발전시킨 사람은 토머스 앨버 에디슨(Thomas Alva Edison, 1847–1931)이었다. 1879년에 백열전등을 발명한 그는 1880년에 에디슨 전기 조명회사를 설립했다. 그로부터 2년 뒤에는 런던과 뉴욕에서 송전을 시작했다. 복수의 발전기를 놓은 중앙발전소 방식을 채용하여 다수의 고객들에게 동시에 배전했다. 그 제어나 조정은 복잡한 문제였으며 과학 없이는 결코 해결될 수 없었다.

에디슨은 이미 1876년 뉴저지주 멘로 파크에 본격적으로 연구소를 설립했다. (그림 10.4). 그곳은 그가 백열전등이나 축음기를 발명한 장소였다. 거기에는 기계공, 유리 직인 등과 함께 전기 기술자, 화학자들이 고용되어 있었다.

과학을 기술적인 과제에 적응하도록 하는 데 중심적인 몫을

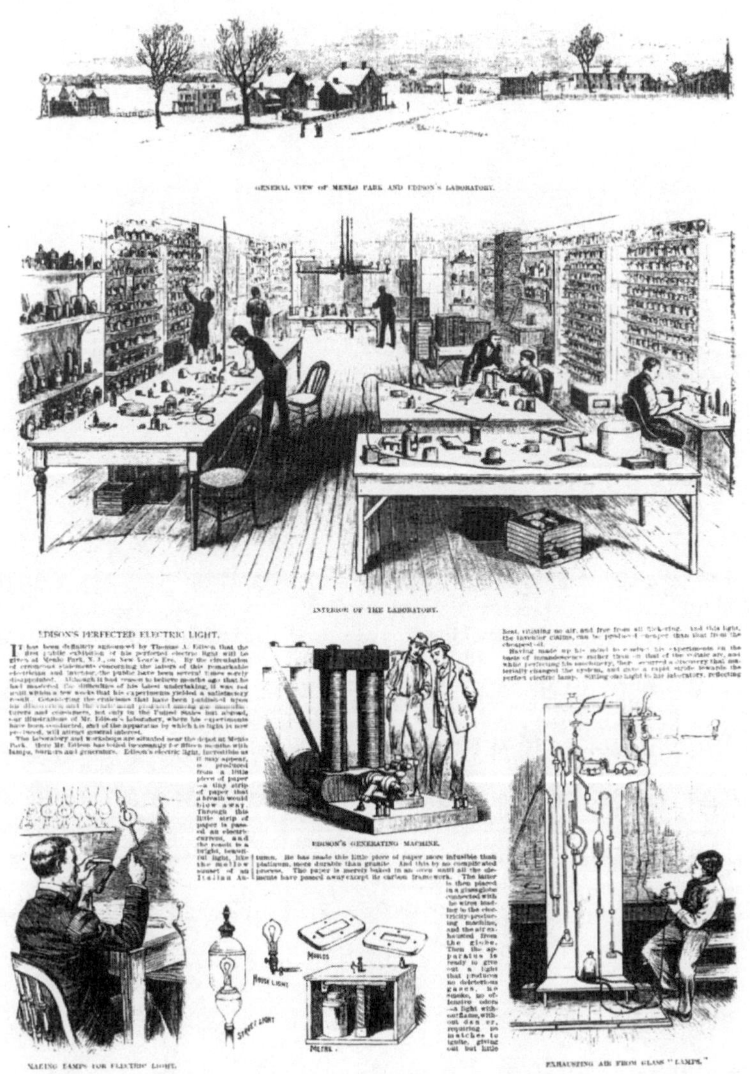
GENERAL VIEW OF MENLO PARK AND EDISON'S LABORATORY.

INTERIOR OF THE LABORATORY.

EDISON'S PERFECTED ELECTRIC LIGHT.

EDISON'S GENERATING MACHINE.

MAKING LAMPS FOR ELECTRIC LIGHT.

EXHAUSTING AIR FROM GLASS "LAMPS."

〈그림 10. 4〉 에디슨의 멘로 파크 연구소와 전기기술 연구

(출처: ヒューズ, 『電力の歴史』, 57쪽.)

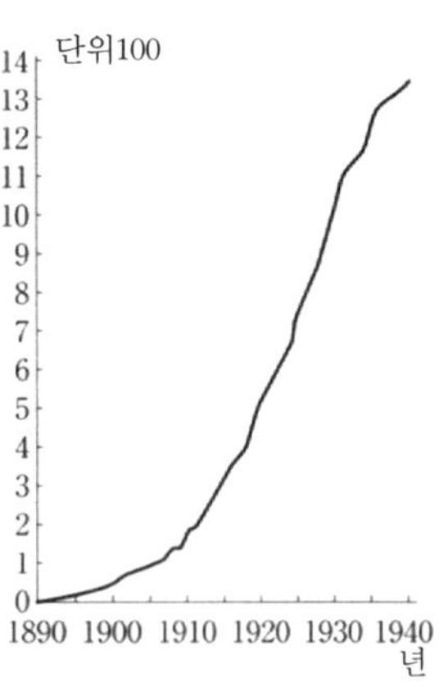

〈그림 10. 5〉 미국에서의 기업 내 연구소의 누적 숫자

(출처: 古川安, 『科学の社会史』, 南窓社, 162쪽.)

맡은 사람은 수학자이자 물리학자였던 프랜시스 업튼(Francis Robbins Upton, 1852–1921)이었다. 그는 프린스튼대학과 베를린대학에서 공부했고, 미적분이나 전기의 이론에 정통했다. 에디슨 자신이 거의 학교 교육을 받지 않았다는 것은 모두가 아는 사실이다. 그의 기술적 개량은 과학에 근거를 두었다고 말하기 어렵다. 그러나 고급 기술이 요구됨에 따라 그는 업튼과 같은 과학자들을 고용할 필요에 직면했다. 그러므로 에디슨은 기업 연구소의 설립자라고 볼 수도 있다. 그는 멘로 파크 연구소뿐만 아니라 1887년에는 웨스트 오린지 연구소를 설립했다. 기업 연구소의 설립이 본격화한 것은 20세기에 이르러서였다. (그림 10.5).

표 10.2에서 알 수 있듯이, 연구소를 설립한 기업은 화학이나 전기와 관련된 기업이 많았다. 유기화학이나 전기 같은 과학에 기

초를 둔 기술의 출현이 기업 연구소의 설립을 촉진했다는 것을 알 수 있다. 그러나 기업의 연구소에 과학자를 초빙하는 것은 애당초 쉬운 일이 아니었다. 기업 연구소 자체가 새로운 시도였기 때문에 과학자들은 그것을 대학에 견줄만한 직장으로는 생각하지 않았다. 제너럴 일렉트릭사의 연구소 GERL(General Electric Research Laboratory)을 예로 들어 살펴보자. 제너럴 일렉트릭사는 1892년 에디슨 제너럴 일렉트릭사와 톰슨 휴스톤사가 합병하여 설립된 거대 전기 기업이다. 이 회사의 GERL은 기술고문이었던 뛰어난 전기공학자 찰즈 스타인메츠(Charles Proteus Steinmetz, 1865－1923)의 구상을 기초로 1900년 뉴욕주 스케넥터디에 설립되었다. GERL은 우선 소장으로 메서추시츠 공과대학(MIT)의 전기화학 조교수 윌리스 휘트니(Willis Rodney Whitney, 1868－1958)를 지목했다. 휘트니는 MIT에서 화학을 공부한 뒤, 독일 라입치히의 오스트발트(Friedrich Wilhelm Ostwald, 1853－1932)에게서 박사학위를 받은 사람이다. 제너럴 일렉트릭사의 스카웃 제의를 받은 그는 대학을 떠나는 것을 주저했다. 그런 그에게 회사는 주 2회의 파트 타임으로 연봉 2,400달러라는 파격적인 조건을 제시했다. 그것은 당시의 정교수직에 해당하

〈표 10. 2〉 기업 연구소의 설립

1900년 제너럴 일렉트릭
1901년 다우 케미컬
1902년 듀퐁
1909년 구디어
1910년 AT & T(벨 연구소)
1912년 코닥

는 급여였다. 휘트니는 MIT를 1년간 휴직하고 GERL에 근무했다.

그리고 8개월 후에 그는 결국 이적을 결심하게 된다.

GERL의 초기 과제는 에디슨의 전구에 대한 라이벌의 등장이라는, 제너럴 일렉트릭사가 껴안고 있던 문제를 해결하는 것이었다. 구체적으로 설명하자면, 괴팅엔대학의 네른스트가 발명한 네른스트 전구에 대한 대응이 필요했던 것이다. 네른스트 전구는 금속산화물의 필라멘트를 채용하고 있었는데, 그것은 탄소 필라멘트를 사용한 에디슨의 전구보다 더 효율적이었다. 네른스트 전구는 1899년 특허를 취득했다. 그 특허를 제너럴 일렉트릭사의 경쟁 상대인 웨스팅 하우스사가 취득했다. 제너럴 일렉트릭사는 새로운 고성능의 필라멘트를 개발해야 했던 것이다.

이 과제에 착수한 인물은 소장인 휘트니가 부소장으로 채용했던 윌리엄 쿨리지(William David Coolidge, 1873-1975)였다. 휘트니와 마찬가지로 라입치히에서 학위를 받은 뒤 그는 MIT에 근무하고 있었다. 그러나 강의에는 관심이 없었고, 논문 집필에도 그다지 노력을 기울이지 않았던, 한마디로 대학의 분위기가 몸에 맞지 않은 사람이었다.

1905년에 GERL에 취직한 쿨리지는 1908년 텅스텐 필라멘트의 제작에 성공했다. 텅스텐은 약 3,387도로 융점이 높기 때문에 필라멘트에 적합하다는 것을 알고 있었다. 그러나 융점이 높은 만큼 가공하기는 매우 까다로웠다. 쿨리지는 텅스텐을 분말로 만들어 가열하고, 그것을 다이아몬드의 가는 구멍을 통해 추출하는 방법을 개발했다. 그러나 텅스텐 필라멘트는 사용시에 끊어지기 쉬운 결점이 있었다. 그 구조를 해명하고 실용적인 전구로 만든 것은 어빙 랭뮤어(Irving Langmuir, 1881-1957)였다. 그는 괴팅엔의 네른스트 밑에서 학위를 받았다. 1906년에 귀국하여 한 공과대학의 화학 강사가 되어 있었다. 그러나 공학 교육을 확장하던 당시 그는 수업에 대한 부담감 등에 불만을 갖고 있었다. 그런 와중에 친구의 권유로 GERL에 잠깐 근무했고, 그곳을 곧 마음에 들어 했다. 그가 GERL에 합류한 것은 1909년이었다. 기업의 연구소는 짧은 기간동안 매력 있는 직장으로 변해간 것이다.

랭뮤어는 텅스텐 필라멘트가 끊어지는 이유에 흥미를 갖게 되었는데, 그것이 필라멘트 표면의 수증기 반응과 관계가 있다는 사실을 밝혀냈다. 전구 내부의 공기는 배출되었지만, 완전한 진공은 얻을 수 없었고, 수증기도 남아 있었다. 랭뮤어는 수증기에 의한 반응을 막기 위해 불활성 가스를 주입하는 것을 생각해냈다. 오늘날에도 사용되고 있는 가스 봉입 전구의 발명(1913년)이었다. 계면의 화학현상은 중요한 연구 주제가 되었고, 마침내 1932년 계면화학의 연구로 그는 노벨 화학상을 수상했다. 기업의 연구소는 이제 노벨상의 무대가 되었다. 과학의 기초적 연구는 실용적인 목적뿐만 아니라 기업의 명성이나

연구소에서 대화하고 있는 랭뮤어(왼쪽)와 휘트니(오른쪽)
(출처: 古川, 앞의 책, 165쪽.)

사원의 사기 진작에도 도움이 되었다. 기업 연구소들 중에는 목적을 정하지 않고 기초연구를 지향하는 곳도 나타났다. 그에 대해서는 상세히 다룰 수 없지만, 1927년 화학기업 듀퐁사가 만든 기초연구프로그램은 그 보기이다. 거기에 초빙된 월러스 커로더스(Wallace Hume Carothers, 1896−1937)는 거대 분자의 기초적 연구를 시작했다. 그 연구를 통해 그는 1935년 나일론의 합성에 성공했다. 과학의 기초적 연구(기초과학)가 기술적인 제품의 생산으로 이어지는 새로운 시대가 열린 것이다.

10.4 엔지니어의 용어 변천과 다양성

이처럼 역사를 거슬러 올라보면, 「엔지니어」라는 말은 현대적인 의미를 얻기까지 조금씩 그 뜻을 변화시켜 왔다는 것을 알 수 있다. 현재도 엔지니어라는 용어는 고급 과학교육을 받은 기술자 이외의 의미로 사용되는 경우가 적지 않다. 그것은 이 용어가 의미해 왔던 사람들의 시대적 변화를 반영하고 있다.

엔지니어라는 용어의 최초의 용례는 12세기에 보인다. 이 시기는 제5장에서 말한 것처럼, 장 갱펠의 『중세의 산업혁명』에 있어 중요한 시기였다. 갱펠은 그 시기를 전후로 하여 수차의 이용이 확대된 것을 지적했다. 그렇게 생각하면, 그 시기의 엔지니어란 수차 등의 기계를 교묘하게 사용하는 사람들을 뜻했던 것이 아닐까? 엔지니어의 어원에 해당하는 라틴어의 ingenium은 천부적인 재능을 가리키는 용어이다. 군사기술은 그들에게 있어서도 중요한 분야였으며, 그것이 당초 군사를 중심으로 한 프랑스의 ingénieur라는 용어로 연결된 것이 아닐까? 그리고 그처럼 엔지니어가 대상으로 했던 분야가 토목공학에 퍼진 것은 10.2절에서 보았던 대로이다

프랑스의 엔지니어는 과학교육을 받은 기술자를 의미했다. 한편, 영국에서는 비교적 고급 기술을 몸에 익힌 직인들도 엔지니어라고 불렀다. 오늘날의 이미지에 가까운 기업의 엔지니어가 출현한 것은 그보다 더 늦은 19세기 후반이라고 볼 수 있다. 그 배경에는 이 장에서 보았던 과학에 기초를 둔 기술의 등장이 있으며, 그들이 활약한 주요 무대는 유기화학과 전기기술이었다.

이 시기가 되자 대학에 「공학부」(Faculty of Engineering)가 설치되었다. 거기서 교육한 것은 순수한 과학이나 직인의 기술이 아닌, 현재 「공학」이라고 불리는 것이었다. 때문에 오늘날의 엔지니어는 특히 일본에서는 대학의 공학부 출신인 것이 보통이다. 대학의 이공계에서 공학부는 큰 비율을 차지하고 있다. 기업, 대학의 어느 쪽을 생각하더라도 현대는 엔지니어의 시대라고 볼 수 있는 것이다.

● 학습과제

듀퐁사의 나일론 개발에 대해 조사해보자. 특히 참고문헌에 있는 후루카와(古川)와 사사키(佐々木)의 책이 참고가 될 것이다.

◆ 참고문헌

• 古川安, 『科学の社会史·増訂版 』, 南窓社, 2000年. (후루카와 야스, 『과학의 사회사·증보개정판』, 남창사, 2000.)

이미 몇 차례 참고문헌에 제시했지만, 이 장과 관련이 있는 부분은 제7-10장.

• 佐々木力, 『科学史』, 弘文堂, 1987年. (사사키 치카라, 『과학사』, 홍문당, 1987.)

비교적 주제를 압축시킨 형식의 과학사 교과서. 제8장에서는 기업에 대한 기술자의 형성을 정리하고 있다.

• 村上陽一郎, 『工学の歴史と技術の倫理』, 岩波書店, 2006年. (무라카미 요이치로, 『공학의 역사와 기술의 윤리』, 이와나미서점, 2006.)

공학이란 무엇인가, 엔지니어링이란 무엇인가를 생각하는 데 참고할 만한 저서.

• Rolt, L. T. C. *Victorian Engineering* (London: Allen Lane, 1970). L·T·C·ロルト, 『ヴィクトリアン·エンジニアリング』, 鹿島出版, 1989年.

19세기 영국 기술자들의 실상을 잘 알 수 있다. 다리나 선박, 철도 건설 등의 주제에 흥미가 있는 독자들에게 권하고 싶다.

• Hughes, T. P. *Networks of Power* (Baltimore: Johns Hopkins University Press,1983). T·P·ヒューズ, 『電力の歴史』, 平凡社, 1996年.

미국, 영국, 독일 등에서의 전력망의 형성을 자세히 비교하고 있는 연구서이다. 제1-6장은 에디슨의 전력 사업과의 관련, 또는 그의 연구소 등에 대해 공부하고 싶은 독자들에게 추천한다.

11 국가와 과학기술

〈이 장의 학습목표 & 포인트〉 과학기술과 국가 간의 관계에 대해 19세기 독일의 과학교육 제도나 연구기관을 사례로 들어 공부해 본다. 또 이와 대조적인 제도를 가진 미국의 사례에 대해서도 알아본다.

〈키워드〉 베를린대학, 훔볼트, 제미나르, 고등 공업학교(TH), 제국물리공학연구소, 지멘스, 카이저 빌헬름 협회, 토지교부대학

11.1 과학활동의 중심 이동

앞 장에서는 산업을 뒷받침하는 기술자가 어떻게 형성되었는가를 살펴보았다. 이노베이션을 논할 때 「산관학(産官學)의 관계」라는 표현이 자주 사용되는데 앞장에서는 「산」을 조명해 보았던 것이다. 그렇다면 「관」과 「학」은 과학기술과 어떤 관계를 맺고 있었던 것일까? 이 장에서는 이 문제에 초점을 맞춰 국가와 과학기술이라는 각도에서 생각해보자.

그 출발점으로서 그림 11.1을 참조하길 바란다. 이것은 과학상의 중요한 발견을 연표에서 뽑아내어 국가별 경년 변화를 그래프로 표시한 것이다. 1962년의 연구지만, 과학활동의 중심이 이동한 것을 금방 알 수 있다. 16세기에는 이탈리아가 중심이었고,

1700년경에는 영국이, 1800년경에는 프랑스가, 그리고 19세기 후반에 이르러 독일 과학이 정상에 있었다. 미국은 20세기에 도달해서야 마침내 과학이 번성했다. 이것은 과학사의 일반적인 상식과도 일치한다. 과학의 중심이 이처럼 국가별로 이동한 것은 과학의 활동이 국가의 상황과 밀접하게 관련되어 있다는 것을 시사한다. 16세기의 이탈리아에서 과학활동이 활발했다는 것은 12세기 르네상스에서부터 이탈리아 르네상스로의 발전이 큰 영향을 미쳤을 것이다. 또 영국이나 프랑스에서 과학이 번성한 것은 과학의 제도화 등과 관련이 있었던 것으로 보인다. 그러나 에콜 폴리테크니크를 제외하면, 당시의 과학을 국가가 의도적으로 주도했다고 보는 데는 무리가 따른다. 프랑스를 보더라도 오히려 에콜 폴리테크니크가 설치되기 이전의 계몽사상기때부터 과학

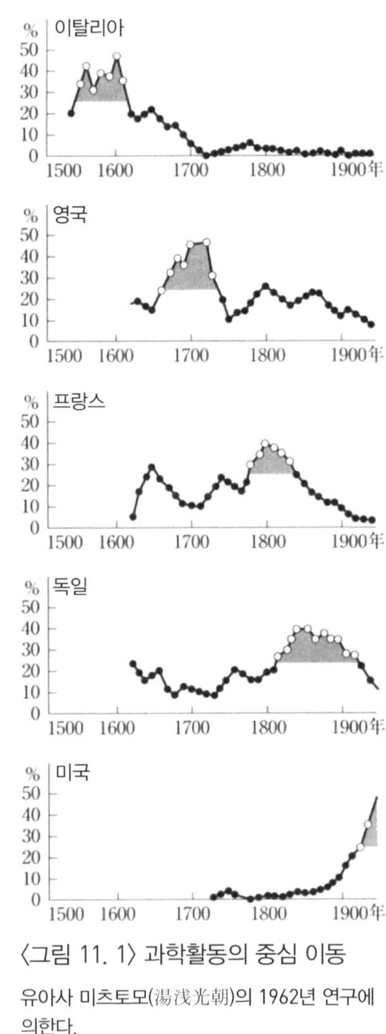

〈그림 11. 1〉 과학활동의 중심 이동

유아사 미츠토모(湯浅光朝)의 1962년 연구에 의한다.

(출처: 中島秀人, 『日本の科学/技術はどこへいくのか』, 岩波書店, 114쪽.)

활동은 자연스럽게 번성하고 있었다. 그러나 독일에서는 그와 달리 국가 주도의 과학진흥이 활발했다. 아래에서는 이것을 좀더 자세히 들여다보기로 하자.

11.2 베를린대학의 발족

독일 고등교육의 근대화는 19세기 초 독일이 나폴레옹에게 패배한 것에서 비롯된다. 이 사건을 계기로 민족의식이 고양되었고 교육의 개혁이 일어났다. 근대적 대학으로의 전환은 1810년 베를린대학의 창설에 의해 시작되었다. 그에 앞서 독일의 대학은 18세기 중반 이후 시대의 변화에 대응할 수가 없었던 관계로 점차 쇠퇴해 갔다. 베를린대학은 신학, 법학, 의학부와 철학부라는 중세 이후의 구조를 유지했지만, 그때까지 종속적인 지위에 놓여 있던 철학부를 중심에 두었다는 점에서 새로웠다. 자연과학교육을 담당해 왔던 것은 철학부였기 때문에 철학부의 지위 상승은 자연과학에도 힘이 되었다.

베를린대학은 철학자 피히테나 셸링, 언어학자이자 정치가였던 빌헬름 폰 훔볼트(Wilhelm von Humboldt, 1767–1835) 같은 사람들의 제안에 의해 설립되었다. 대학은 여기서 인격의 함양과 동시에 학문(Wissenschaft) 추구의 장소가 되었다. 연구와 교육이 통일된 것이다. 그때까지 연구는 아카데미에서 수행되는 것으로, 그리고 대학은 교육기관으로 여겨져왔다. 그러므로 학문연구가 대학에서 행해지게 된 것은 큰 변화였다. 독일 대학의 연구를 뒷받침한 것은 제미나르 제도였다. 교사와 학생이 공동으로 학문을 추구해 가는 이런 시스템은 18세기 말 언어학의 분야에서 시작되었다. 제미나르를 자연과학에 응용한 것은 연구소(Institut)라는 곳이다. 연구소란 실제로는 정교수를 중심으로 원외 교수나 조수를 포괄하여 집단으로 연구하는 도제적 연구제도였다. 그 주변에는 교수직을 지망하는 사강사(Privatdozent)가 있었다. 이 계층 구조에 의한 경쟁이 독일의 학문적 성장의 기초라고 일컬어진다.

연구소는 실험과학 수행의 기관이기도 했다. 실험과학이 독일에 도입된 데는 빌헬름 폰 훔볼트의 아우 알렉산더 폰 훔볼트(Alexander von Humboldt, 1769－1859)의 공헌이 컸다. 현재 그는 지리학의 아버지로 알려지고 있다. 알렉산더는 19세기 초 파리에서 살고 있었는데, 그 때 리비히와 친교를 맺게 되었다. 리비히는 본대학 등에서 화학을 공부했지만, 구태의연한 교육에 불만을 가졌기 때문에 파리에 유학하고 있었다. 게이 뤼삭(Joseph－Louis Gay－Lussac, 1778－1850)에게 가르침을 받았고, 실험실에의 출입을 허락받았다. 훔볼트는 리비히의 능력을 인정하여 1824년 그를 기센대학에 보냈다. 리비히는 거기서 화학실험실을 세우고, 1830년경 독자적인 교육법을 확립했다. 기센의 화학교실은 국제적인 화학의 중심지로 성장했다.

표 11.1은 독일의 대표적 과학자들을 분야와 상관없이 교편을 잡은 대학별로 정리한 것이다. 베를린대학의 영향이 중세 이후 오랜 전통을 가진 대학들에도 파급되어 간 것을 알 수 있다. 그러나 과학자들의 생몰 연대에서 추측할 수 있듯이, 베를린대학이 창설

〈표 11. 1〉 독일의 대표적인 과학자들

대학	과학자
베를린대학 (1810년 설립)	호프만(1818-92), 헬름홀츠(1821-94), 코흐(1843-1910), 키르히호프(1824-87), 피셔(1852-1919), 플랑크(1858-1947), 네른스트(1864-1941)
괴팅엔대학 (1737년 창립)	클라인(1849-1925), 힐베르트(1862-1943), 프란틀(1875-1953), 보른(1882-1970)
라입치히대학 (1409년 창립)	오스트발트(1853-1932), 하이젠베르크(1901-76)
뮌헨대학 (1472년 창립)	빈(1864-1928), 조머펠트(1868-1951)
본대학 (1818년 창립)	클라우지우스(1822-1928), 케쿨레(1829-96), 헤르츠(1857-94)
하이델베르크대학 (1386년 창립)	분젠(1811-99), 레나르트(1862-1947)

된 뒤 저명한 과학자를 배출하기까지는 약 반세기 가까운 시간이 필요했다.

11.3 독일의 기술자 교육

19세기 후반 독일의 산업 성장은 현저했다. 공업 생산액를 보더라도, 1880년에는 프랑스를 추월했고, 1900년에는 영국을 뛰어넘었다. 이 같은 산업 발전에는 고급 과학교육뿐만 아니라 기술자를 대상으로 한 교육도 필요했다.

독일에서는 예전부터 국가가 기술아카데미를 설립하여 직인, 기사나 기술관료의 양성에 힘을 쏟았다. 그 중에서도 1765년에 발족한 프라이베르크 광산학교(Bergakademie Freiberg)는 유명하다. 그러나 19세기 초가 되자, 에콜 폴리테크니크 등의 영향을 받아 길드적 전승 이상을 목표로 하는 기술학교가 설립되기 시작했다. 예를 들어, 1807년 바덴공국의 카를스루에에 설립된 기술자학교(Ingenieurschule)가 그것이다. 이 학교는 카를스루에의 폴리테히니쿰(Polytechnikum)으로, 그리고 1865년에는 독일 최초의 고등공업학교(TH, Technische Hochschule)로 발전했다. 목적은 수학과 자연과학의 기초지식을 시민의 직업에 활용하는 것이었다.

그렇지만 프랑스의 에콜 폴리테크니크와는 달리 고등공업학교는 중등교육기관의 틀을 벗어나지 못했다. 19세기 말에 이르러

〈표 11. 2〉 독일 고등공업학교의 설립

학교명	설립 연도
카를스루에	1865 (1825 폴리테히니쿰)
뮌헨	1877 (1868 폴리테히니쿰)
아헨	1879 (1870 폴리테히니쿰)
베를린	1879 (1770 광산학교, 1799 건축학교)
하노버	1880
드레스덴	1890
다름슈타트	1895 (1877 폴리테히니쿰)

(주) 괄호 안은 모태가 된 학교의 설립 연도. 자료에 따라 가끔 설립 연도 등에 차이가 있다. 여기서는 주로 한스 베르너 프랄, 『大学制度の社会史』, 法政大学出版局, 1988년의 권말 자료 4-5쪽을 참고로 내가 작성했다.

서야 학교 수가 증가했고(표 11.2), 그 규모도 확대되어 질도 높아졌다. 1899년에는 마침내 박사학위를 수여할 권리를 얻게 되었다. 이것이 현재 독일의 모든 공과대학의 기원이다.

11.4 제국 물리공학연구소의 설립

독일은 국립 과학기술 연구기관을 일찍부터 설립한 것으로도 알려져 있다. 1887년에 탄생한 제국 물리공학연구소(PTR, Physikalisch-Technische Reichsanstalt)가 그것이다. (그림 11.2). 독일에서는 과학자들이 기계기술이나 광학기구를 연구하는 연구시설의 설립 운동을 하고 있었다. 그런 운동이 이 연구소가 태동한 배경 가운데 하나였다. 그러나 더 큰 충격을 준 것은 1881년 파리의 제1회 국제 전기회의였다. 28개국이 참가한 이 회의에서는 저항치의 단위

〈그림 11. 2〉 제국 물리공학연구소의 건설

(출처: 古川安,『科学の社会史』, 南窓社, 187쪽.)

를 둘러싸고 국가 간에 논쟁이 벌어졌다. 영국은 「옴」을 단위로 제안한 반면, 프랑스는 도량형국을 확장하여 전기단위의 국제적 시설로 만드는 것을 추진했다. 과학자 헤르만 폰 헬름홀츠(1821−94) 등과 함께 이 회의에 참석한 산업인 베르너 폰 지멘스(1816−92)는 이 같은 체험을 통해 독일이 당연한 기여를 해야 한다고 주장하기 시작했다.

이런 움직임의 결과로 설립된 제국 물리공학연구소는 제1부 「과학부」와 제2부 「기술부」로 구성되었다. 먼저 제2부의 활동부터 말하자면, 이것은 재료, 공구, 측정장치의 검사를 목적으로 했다.

공구에서는 표준화가, 측정에서는 온도·빛·전기의 계측장치에 대한 검사가 과제에 포함되었다. 어느 쪽도 독일의 공업 발전에 필수적인 것으로, 이해하기가 쉬운 내용이다. 이에 대해 제1부는 과학연구 자체를 수행하는 것을 목적으로 했다. 지멘스는 이 부분의 설치 의의를 국가의 위신을 높이는 것과 동시에 민족 간의 경제적 투쟁에서 승리하기 위해서라고 강조했다. 과학은 새로운 산업 분야를 개척하기 위한 기반으로 여겨졌다. 그는 이 제1부의 설치를 위해 약 2만 평방미터(가격으로 50만 마르크 이상)의 토지를 기부했을 정도였다. 지멘스에 의한 다액의 기부 등에 힘입어 연구소가 발족했는데, 초대 소장에는 그의 의붓아들 헬름홀츠가 취임했다.

제국 물리공학연구소의 영향력은 외국에도 파급되었는데, 1900년에는 이 연구소를 모델로 영국 런던 교외에 국립 물리학연구소(NPL, National Physical Laboratory)가 설립되었다. 미국에서도 1903년 이 연구소의 영향을 받은 국립표준국(NBS, National

Bureau of Standard)이 설립되었다. 제국 물리공학연구소는 나중에 연방 물리공학연구소로 명칭을 바꾸었고, 현재도 활발하게 활동하고 있다.

칼럼 지멘스 형제

베르너 폰 지멘스(사진)는 열 네명의 형제(남녀 반반) 중에서 여섯 번째로 태어난 장남이었다. 소작농의 아들이었던 그는 포병학교에서 게오르크 옴(Georg Ohm, 1789-1853)에게 배웠다. 1847년 기계공이었던 하르스케와 함께 지멘스 할스케(Halske) 전신상회를 창립했고, 러시아에서 전신사업에 성공했다. 1867년에는 자력식 발전기(다이나모)를 발명했고, 1879년 베를린에서 사상 최초로 전자의 시운전에 성공했다.

형제들 중에서 여덟 번째인 빌헬름(1823-83)은 스무 살 때 영국에 이주했고, 열 번째인 카를(1829-1906)과 공동으로 지멘스 형제사를 설립했다. 빌헬름은 회사의 특허보호를 위해 1859년 영국으로 귀화했다. (영국명 윌리엄). 아홉 번째인 프리드리히(Friedrich August, 1826-1904)와 빌헬름은 1861년에 축열식 반사로를 발명했다. 프랑스의 마르탱(Martin)과 함께 평로법의 발명자로 알려진다. (지멘스-마르탱법은 1864년). 이처럼 지멘스 형제들은 많은 기술적 공헌을 한 사람들로서 흥미롭다.

11.5 카이저 빌헬름 협회

제국 물리공학연구소의 설립으로부터 약 4반세기가 지난 1911년 독일에서 또 하나의 중요한 연구조직이 발족했다. 제2차 세계대전 후 막스 플랑크 협회로 개조된 카이저 빌헬름 협회였다.

1910년 베를린대학의 창립 100주년에 황제 빌헬름 2세는 뜻밖의 연설을 했다. 연설의 주된 내용은 학생을 가르칠 의무가 없는 과학연구소가 필요하다는 것이었다. 당시의 대학에서는 교육이 과학자들의 연구에 오히려 방해가 되고 있었다. 때문에 교육과 연구를 분리해야 할 필요성이 제기되었다. 베를린대학 발족의 정신과는 정반대였다.

황제의 연설에 응답하여 이듬해 곧 연구소 설립을 위한 위원회가 구성되었다. 연구소를 짓기 위한 자금 모집의 캠페인도 전개되었다. 앞의 지멘스는 물론 철강의 크루프나 독일 가스등 회사의 코펠 같은 인물, 그리고 화학산업계, 은행업계 등에서도 기부가 쇄도했다. 연구소의 부지로는 베를린 교외에 있던 달렘의 국유지가 준비되었다.

카이저 빌헬름 협회는 다수의 연구소를 가지고 있었다. 표 11.3에서는 그 부속의 연구소들을 들고 있다. 1912년에 설립된 화학연구소 및 물리화학·전기화학연구소 (그림 11.3)를 비롯하여 다양한 분야의 연구소들이 속속 설립되었다. 연구소는 독일 각지에 설립되었지만, 국외에 설립된 경우도 있었다. 앞의 화학연구소는 당초 무기화학·유기화학·물리화학 등 3부문에서 발족될 예정이었다.

〈표 11. 3〉 카이저 빌헬름 협회의 연구소 (1921년까지)

명칭	소재지	개설 연도
KW 화학연구소	베를린·달렘	1912
KW 물리화학·전기화학연구소	베를린·달렘	1912
KW 생물학연구소	베를린·달렘	1913
KW 노동위생학연구소	도르트문트·뮌스터	1913
KW 예술·문화연구소	로마#	1913
KW 석탄연구소	뮐하임	1914
KW 뇌연구소	베를린·부흐	1915
KW 독일사연구소	베를린	1917
KW 철강연구소	뒤셀도르프	1917
KW 물리학연구소	베를린·달렘	1917
KWG 수서생물학연구소	프렌	1917
KW 슐레지엔석탄연구소	브레슬라우	1918
KW 세포생물학연구소	베를린·달렘	1918
KW 섬유화학연구소	베를린·달렘	1920
KW 금속연구소	베를린(1935년 이후 슈투트가르트)	1921

(주) KW=카이저 빌헬름　KWG=카이저 빌헬름 협회
#는 외국. 연구소는 설립시의 명칭. (출처: 古川安, 『科学の社会史』, 南窓社, 192쪽을 수정.)

〈그림 11. 3〉 카이저 빌헬름 화학 및 물리화학·전기화학의 개소식에 참석한 빌헬름 2세. 오른쪽은 협회 초대회장이었던 하르낙

(출처: 古川安, 『科学の社会史』, 南窓社, 193쪽.)

그러나 물리화학 부문을 만들 예산이 부족했다. 이때 예산을 지원한 사람은 유대인 기업가 코펠이었다. 그의 기부에 의해 물리화학 부문은 물리화학·전기화학연구소로서 독립적으로 설치되었다. 그의 자본력을 활용하여 화학연구소 쪽에서는 물리화학 연구 부문을 대신하는 방사능 부문을 설치했다. 초대 방사선 부문 소장으로 취임한 오토 한(Otto Hahn, 1879-1968)은 1938년 우라늄의 핵분열을 발견하게 된다.

한편, 물리화학·전기화학연구소의 소장에는 유대인 프리츠 하버(Fritz Haber, 1868-1934)가 선출되었다. 하버는 1913년 질소와 수소로부터 암모니아를 합성하는 방법(하버법)의 공업화에 성공한 공로로 5년 뒤 노벨 화학상을 수상했다.

1914년 제1차 세계대전이 시작되자 하버는 독가스의 개발에 적극적으로 참여했다. 독일군은 전쟁 초기 독가스에 회의적이었지만, 1915년 초 하버의 연구소에 정식으로 염소병기의 개발을 위탁했다. 독일 육군은 같은 해 4월 22일 벨기에령 이프르에서 염소가스 150톤을 독가스로 사용했다. 하버는 그 뒤에도 연구소 직원들을 동원하여 독성이 강한 가스의 개발을 시도했다. 카이저 빌헬름 협회의 연구소는 제1차 세계대전 당시에는 독가스, 제2차 세계대전 당시에는 핵병기의 개발에 중요한 무대가 되었다.

국가가 본격적으로 과학연구에 개입함으로써 과학은 국가에 포섭되기 시작했다. 따라서 국가 간의 전쟁에도 과학이 동원되게 된 것이다. 과학은 산업과 연결되었고, 나아가 그것을 포섭하는 국가체제와 강력한 관계를 맺게 되었다. 이것을 「과학의 제도화」라고 부른다.

11.6 미국에서의 과학기술교육과 연구

카이저 빌헬름 협회의 설치를 건의했던 베를린대학의 신학교수 하르낙(Adolf von Harnack, 1851－1930)은 1909년의 건의서에서 현상을 방치하면 독일의 과학이 세계적으로 뒤처질 수밖에 없다고 경고했다. 동시에 하르낙은 미국에서 철강왕 카네기가 과학연구에 막대한 자금을 투자하고 있다는 사실을 언급했다. 경제성장이 현저했던 미국에서는 19세기 말부터 연구나 교육에 다액의 민간 자금이 투입되었다.

구체적으로 말하면, 1890년 철도왕 스탠퍼드는 2000만 달러를 투자하여 현재의 스탠퍼드대학의 전신을 설립했다. 또 석유왕 라키펠러는 시카고대학의 설립에 3500만 달러를 투자했다. 이것은 당시의 베를린대학 예산의 약 35년분이었다고 한다. 1901년에는 라키펠러 의학연구소가 설립되었고, 1913년에는 라키펠러재단이 발족했다. 1902년에는 카네기의 자금 1000만 달러로 워싱턴 카네기 협회가 설립되었다. 카네기는 미국 과학의 국가적 빈곤을 염려했지만, 독일에서는 그것을 미국의 과학투자로 「오해」했다.

교육사 연구자인 우시오기 모리카즈(潮木守一)에 따르면, 미국인들에게 있어서 학문과 연구는 자신의 비용으로 하는 것으로, 세금이 아니라 자선사업으로 추진되는 것이었다고 한다. 오늘날에는 상상하기 힘들지만, 미국의 과학이 세계의 영광스러운 무대에 약진한 것은 1930년대라는 늦은 시기였고, 거기에 도달하기까지는 민간의 기부를 포함한 많은 노력이 더해졌던 것이다.

미국 대학에서의 과학기술교육을 생각해보자. 미국에서는 17세기에 하버드, 18세기에 예일, 프린스튼, 펜실베이니어대학 등 사립대학이 설립되었다. 그러나 그 목적은 영국적인 신사교육이었다. 에콜 폴리테크니크류의 교육을 일찍부터 도입한 것은 웨스트포인트의 육군사관학교였다. (1802년). 졸업생은 도로, 운하, 다리, 수도, 철도건설 등 국가의 기반정비 산업에서 활약했다. 1824년에는 뉴욕주 트로이시에 사립 렌슬러 공과대학이 설립되었다. 그러나 그것은 토목공학 중심의 대학이었고, 기술교육 전반을 이끈 것은 아니었다. 한편, 기사의 양성학교로서 1847년 하버드에 로런스 과학학교, 1854년 예일에 셰필드 과학학교가 설립되었다. 과학기술교육에의 국가적인 지원으로서 중요한 것은 1862년 모릴법이었다. 이것은 버몬트주 출신의 공화당 상원의원 모릴이 제출한 법률인데, 농업이나 기계기술을 가르치는 대학을 설립한 주에는 정부의 소유지를 제공한다는 것이다. 이 법률에 의해 설립된 대학을 토지교부대학(land-grant college)이라고 한다. 이것이 현재 주립대학 기원 중 하나이다.

표 11.4에서 알 수 있듯이, 토지교부대학에는 기존의 교육시설을 개조한 것도 있고, 신설한 것도 있다. 또 매서추시츠 공과대학(MIT)과 같은 사립대학도 조성의 대상이 되었다.

독일을 모방한 형태의 최초의 연구대학은 1876년 설립한 잔즈 합킨즈대학이었다. 거기에서는 제미나르나 기센식의 실험교육

〈표 11. 4〉 토지교부대학의 실시 형태

(a) 기존의 고등교육기관을 합치거나 부설한 예

주명	연대	부설처
로드 아일런드	1863	브라운 대학
코넥티컷	1863	예일 칼리지
뉴 햄프셔	1866	다트머스 칼리지
메릴런드	1865	기존의 농업칼리지의 개편
위스칸신	1866	1848년에 공립대학으로 세워진 메디슨의 위스칸신대학을 개조
미시건	1863	1857년 주립 미시건 농업칼리지가 창설되었지만, 이것을 개조
캔서스	1863	사립 블루몬트 중앙칼리지를 주립농업칼리지로 개조
캘리포니어	1868	버클리에 있던 사립 캘리포니어칼리지를 개조

(b) 농업학교를 신설한 예

주명	연대	신설교
웨스트 버지니어	1867	모건 타운에 농공대학
일리노이	1867	어배너 섐페인에 농공대학
메인	1868	오로노라는 도시가 기초자금을 제공하여 랜드 그랜트 자금과 합쳐 농공대학을 창설
인디애너	1874	잔 퍼듀라는 실업가가 디피카누 지방에 건설을 조건으로 거금을 기부, 이것을 랜드 그랜트 자금과 합쳐 창설, 퍼듀대학이 되었다.
뉴욕	1864	에즈러 코넬이라는 사람이 기금과 이타카의 토지를 제공, 랜드 그랜트 자금과 합쳐 코넬대학이 되었다.
매서추시츠	1863	랜드 그랜트 자금의 3분의 1을 1861년 창설한 공과대학 MIT에, 남은 3분의 2로 주립 농과대학을 신설(1867년)

(출처: 村上陽一郎, 『工学の歴史と技術の倫理』, 岩波書店, 72쪽에서 일부 수정.)

이 행해졌다. 리비히에게서 배우고 괴팅엔대학에서 박사학위를 받은 화학자 렘슨(Ira Remsen, 1846-1927) 등의 노력에 의해 화학교실에서는 뛰어난 제자들이 배출되었다. 그것은 하버드대학에도 영향을 미쳤다고 한다.

그러나 미국의 과학교육은 독일에 뒤처져 있었다. 1880-90년대는 미국에서 독일로의 유학이 활발했다. 학생들은 미국의 대학에서 공부한 뒤 독일의 저명한 교수에게서 박사학위를 받았다. 미국 과학의 성숙은 20세기를 기다리지 않으면 안 되었다.

● 학습과제

이 장에서 다룬 대학이나 연구소들 중에서 흥미를 가진 것의 역사를 인터넷 등에서 조사해보자.

◆ 참고문헌

- 古川安,『科学の社会史·增訂版』, 南窓社, 2001年. (후루카와 야스,『과학의 사회사·증보개정판』, 남창사, 2001.)

  이 장과 관계가 있는 부분은 제10–11장.

- 潮木守一,『ドイツ近代科学を支えた官僚』, 中公新書, 1993年. (우시오기 모리카즈,『독일의 근대과학을 뒷받침한 관료들』, 중공신서, 1993.)

  알트호프라는 독일 문부관료의 활약을 축으로, 과학기술이 독일의 대학이나 연구소에 침투해간 과정을 알기 쉽게 그린 책이다. 학문적 자유의 이념과 현실이 매우 달랐다는 점이 흥미롭다.

- 村上陽一郎,『工学の歴史と技術の倫理』, 岩波書店, 2006年. (무라카미 요이치로,『공학의 역사와 기술의 윤리』, 이와나미서점, 2006.)

  앞 장에서도 소개했지만, 이 장과 관련이 있는 부분은 이 책의 제2부이다.

- 成定薫,「欧米における科学の制度化と大学改革」, 渡辺正雄編,『科学の世界』, 共立出版, 1982年所収. (나리사다 카오루,「서양의 과학 제도화와 대학 개혁」, 와타나베 마사나오 편,『과학의 세계』, 공립출판, 1982.)

- Prahl, Hans–Werner, *Sozialgeschichte des Hochshulwesens* (München: Kösel, 1978). ハンス=ヴェルナー·プラール,『大学制度の社会史』, 法政大学出版局, 1988年.

  제6장에서는 독일어권의 기술교육 성립에 대해 자세히 다루고 있다. 매우 전문적인 내용이기 때문에 더 깊이 연구하고 싶은 독자들에게 적합하다.

12

과학론의 전개

〈이 장의 학습목표 & 포인트〉 과학론은 과학사, 과학철학, 과학사회학을 중심으로 성립한 분야이다. 그 형성의 역사를 되짚어 보면서 과학론이 무엇인가를 공부한다. 아울러 직업으로서의 과학자의 성립과 과학론이 어떻게 관련되어 있는지를 살펴본다.

〈키워드〉 과학철학, 과학사회학, 과학지식의 사회학, 휴월, 가설연역법, 논리실증주의(빈 학단), 쿤, 패러다임, 정상과학, 과학혁명, 과학공동체(과학자집단)

12.1 과학의 지위 향상 운동

제7장과 8장에서 말한 것처럼, 프랑스에서는 18세기말 에콜 폴리테크니크의 성립에 의해 과학의 본격적인 전문 직업화가 시작되었다. 제11장에서는 19세기 독일을 배경으로 대학과 연구기관의 성립을 살펴보았다. 거기서 일했던 사람들도 물론 과학에 직업적으로 종사하던 사람들이었다.

그러면 영국에서는 어땠을까? 영국에서는 일찍이 17세기부터 과학의 제도화가 시작되었는데, 그 시기에 영국의 과학은 정점에 도달했다. (앞 장 그림 11.1 참조). 그러나 정점을 지난 영국의 과학이 그 후 완전히 쇠퇴하기 시작했다고 말하기는 어렵다. 19세기의 영국에서는 다수의 저명한 과학자들이 등장했다. 예를 들어, 전기와 자기의 분야에서 제임즈 줄(James Prescott Joule, 1818−89), 패러데이(Michael Faraday, 1791−1867), 맥스웰(James Clerk Maxwell, 1831−79), 진화론의 다윈(Erasmus Darwin, 1809−82) 등을 들 수 있다. 그러나 제8장에서 본 직공학교의 경우도 그렇지만, 영국에서는 과학이 하향식이라기보다는 밑에서부터 서서히 정비되어 갔다. 과학을 주제로 모인 사적 회합은 그 중 하나였다. 예를 들어, 1760년경에 발족한 버밍엄의 월광협회(Lunar Society)에서는 다윈의 할아버지이자 의사였던 이래스머스 다윈(Erasmus Sarwin, 1731−1802), 증기기관의 와트(James Watt), 와트의 후원자이자 공장 경영자였던 볼튼(Matthew Boulton, 1728−1809), 도자기업자 웨지우드(Josiah Wedgwood, 1730−95), 화학 등의 연구로 유명한 프리스틀리(Joseph Priestley, 1733−1804) 등이 모여 매월 과학과 기술에 대해 토론했다. 이 뿐만 아니라 19세기에는 각지에서 「문학·철학 협회」라는 조직이 설립되었는데 과학적 주제는 거기에서도 화제가 되었다. (표 12.1).

이 같은 회합이 시작된 배경에는 산업혁명에 의한 영국 중산층의 성장이 있었다.

과학의 연구기관으로는 1799년 런던에 왕립연구소(Royal Institution)가 설립되었다. 이 연구소는 지주층의 원조에 의거하여 농업기술을 개량할 의도로 만들어진 것이었다. 화학자였던 험프리 데이비(Humphrey Davy, 1778−1829)나 앞에서 말했던 마이클 패러데이 등이 거기에서 활약했다. 또 일반인들을 대상으로 한 과학 강연회도 개최되었다.

이처럼 영국에서도 서서히 과학의 제도가 정비되었다. 그러나 케임브리지의 수학자 찰즈 배비지(Charles Babage, 1792–1871)처럼 영국과학의 쇠퇴를 우려하는 목소리도 있었다. 그는 1830년 『영국과학의 쇠퇴와 그 원인에 대한 고찰』을 출판했다. 뉴튼 시대 영국과학의 영광을 회고하며 당시 왕립학회의 쇠퇴를 한탄하던 그는 국가가 과학연구를 지원해야 한다고 주장했다. 그 같은 주장에 힘입어 이듬해 영국 과학진흥협회(BA, British Association for the Advancement of Science)가 발족했다.

이런 형태의 조직은 영국 만에 한정된 것은 아니었다. 독일

〈표 12. 1〉 영국의 지방도시에 탄생한 문학·철학 협회 (1780-1840년대)

소재지	설립 연도	소재지	설립 연도
맨치스터	1781	위트비	1822
다비	1783	헐	1822
뉴카슬 어폰 타인	1793	브리스틀	1823
버밍엄	1800	노팅햄	1824
글래스고우	1802	바스	1825
웰링톤	1811	할리팍스	1830
리버플	1812	번리	1833
플리머스	1812	로치데일	1833
리즈	1818	레스터	1835
코크	1819	엘긴	1836
요크	1822	글로스터	1838
셰필드	1822	입스위치	1842

(출처: 古川安, 『科学の社会史』, 南窓社, 87쪽.)

에서는 1822년 독일 자연과학자·의학자 협회(GDNÄ, Gesellschaft Deutscher Naturforscher und Ärzte)가 조직되었다. 그것은 기존의 아카데미에 대항하는 것임과 동시에 영방국가(領邦國家)로 분단된 과학자들의 교류 장소이기도 했다. 그들은 독일 과학이 영국과 프랑스에 비해 뒤처져 있다고 역설했다.

과학이 민족주의와도 관계를 맺게 된 결과 프랑스 과학회의(1833년), 미국 과학진흥협회(AAAS, American Association for the Advancement of Science, 1848년) 등 각국에 진흥협회가 설립되었다. 과학자들은 이 같은 협회들에 참가하여 자국 과학의 위기를 설파했다. 그러나 19세기는 과학의 전문 분화가 진행된 시기이기도 했다. 제도로서의 과학은 오히려 정비되어 나갔다. 그러나 과학이 전문 직업으로서의 지위를 누리게 되었다는 사실은 다른 나라와 비교했을 때 오히려 비관론을 양성한 요인이 되었다. 그것이 각국의 과학 진흥운동의 지렛대가 된 것이다.

12.2 과학론의 시작 – 과학사 · 과학철학

제도로서의 과학은 형태를 갖추었지만, 이처럼 어떤 제도가 사회적으로 정비되어 나갈 때는 그것과 병행하여 그 제도를 표현하기 위한 어휘가 만들어지게 된다. 「과학자」라는 어휘의 성립은 그 좋은 예라고 볼 수 있다. 케임브리지대학의 수학자이자 철학자였던 윌리엄 휴월(William Whewell, 1794–1866)은 1840년의 저서에서 「우리들은 과학을 경작하는 사람(cultivator)을 일반적으로 표현할 명칭을 매우 필요로 하고 있다. 나는 그를 과학자(scientist)라고 부르고 싶다」고 썼다. 그 이전에는 과학을 실천하는 사람들을 영어로는 natural philosopher(자연철학자)나 experimental philosopher(실험철학자)라는 어휘로 표현해왔다. 그러나 과학을 직업으로 삼는 사람들을 정확히 가리키는 어휘는 없었다. 다른 언어로도 마찬가지였는데, 예를 들어 프랑스어로는 savant(학자), 독일어로는 Naturforscher(자연 연구자)라는 어휘가 사용되고 있었다. 과학을 전문 직업으로 삼는 사람들 자체가 거의 존재하지 않았기 때문이다. 휴월은 새롭게 출현한 그들에게 scientist라는 영어를 제시한 것이다. 앞의 휴월의 인용은 그의 『귀납적 과학의 철학』이라는 과학철학 책에서 따온 것이다. 그 3년 전(1837년)에 휴월은 『귀납적 과학의 역사』라는 책을 출판하기도 했다. 이 책은 영어권에서는 사실상 최초의 과학사 책으로 알려진다. 과학의 제도적 정비는 과학자라는 어휘뿐만 아니라, 그 역사(과학사)나 철학(과학철학)의 확립 또한 불러왔다. 과학론의 시작은 과학사와 과학철학이었던 것이다.

12.3 가설연역법

표 12.2는 당시의 대표적인 과학철학서 목록이다. 저자의 이름에서 알 수 있듯이 초기의 과학철학은 과학자 자신에 의한 것이었다. 거기서는 철학, 신학, 법학, 역사학 등의 전통적인 학문들과 비교했을 때, 과학이 왜 뛰어난 것인가가 논해졌다. 그 근거로는

〈표 12. 2〉 1830-1914년에 간행된 주요 과학철학서

저서	책 이름	간행 연도
존 허셸	『자연철학 연구에 관한 예비적 고찰』	1830
윌리엄 휴월	『귀납적 과학의 철학』	1840
조지 루이스	『콩트의 과학철학』	1853
헤르만 헬름홀츠	『통속과학 강연집』	1873
윌리엄 제번즈	『과학의 원리』	1874
제임즈 맥스웰	『물질과 운동』	1876
윌리엄 클리퍼드	『정밀과학의 상식』	1886
에른스트 마흐	『감각의 분석』	1886
앙리 푸앵카레	『과학과 방법』	1908

(출처: 野家啓一, 『クーン』, 講談社, 66-67쪽.)

과학이 가진 독창적인 방법이 강조되었다. 당시 과학의 방법이 된 것은 현재 가설연역법이라고 불리는 것이다. 과학철학자인 노에 케이치(野家啓一)에 의하면, 그것은 허셸과 휴월에 의해 확립되었다.

가설연역법에 따르면, 과학은 가설을 세우는 것에서 출발한다. 가설은 이미 알고 있는 지식의 현상을 정리하고, 귀납적으로 얻어지는 것이라고 생각되었다.[1)]

이렇게 세워진 가설에 이어 실험 관측의 가능한 귀결이 연역적으로 추론된다. 이것에 대해 실험 관측을 행하고 가설을 테스트한다. 맨 처음 세워진 가설을 이렇게 검증하고, 그것을 반복함으로

1) 실제로는 가설이 어떻게 세워지든 상관없다. 비합리적인 착각으로 세워진 가설이라도 실험 관측에 의해 검증된 것만이 받아들여지기 때문이다. 논리실증주의자 라이헨바흐는 이것을 「발견의 문맥」과 「정당화의 문맥」 사이의 구분이라고 불렀다.

써 원리와 법칙에 도달한다.

그러나 휴월이 자신의 책 『귀납적 과학의 철학』에서 말한 것처럼, 가설은 이미 알고 있는 지식의 현상을 설명하는 것만으로는 충분하지 않다. 가설은 「그 이상의 것을 하지 않으면 안된다. 즉, 지금까지 관찰되지 않았던 현상을 예언하지 않으면 안 된다…(중략)…과학적 가설은 이러한 방법으로 검증되어 왔다」(野家啓一, 『クーン』, 講談社, 77-78쪽의 번역을 수정). 가설에는 예측의 힘이 없으면 안 된다는 것이다. 당시의 과학철학에서 또 하나 중요한 것은 과학이 누적적으로 진보한다는 주장이었다. 휴월은 말한다.

「모든 과학의 본질은 장기간에 걸쳐 계속되는 진전, 일련의 변화, 하나의 원리에서 다른 별도의 원리, 가끔 모순되는 것처럼 보이는 원리로의 반복되는 진보 안에 존재한다. 여기서 중요한 것은 이 모순이 외관상의 것에 지나지 않는다는 것이다. 과학의 선행단계에서의 승리를 이끌어 낸 모든 원리는 훗날의 발견에 의해 폐기되어 쫓겨나는 것처럼 보일지라도, 실제로 그것들은 (진리인 한) 후속되는 학설 안에 흡수되고 거기에 포섭된다.」(『귀납적 과학의 역사』, 野家, 앞의 책, 9쪽에서.)

과학은 사실이 누적됨으로써 직선적으로 진보한다고 여겨졌다. 그것은 과학에 대한 낙관적 시각에 다름 아니었다.

12.4 논리실증주의의 등장

그런데 20세기에 들어서자 양자역학과 상대성 이론이 등장했고, 기존의 인과성의 관념이나 시공의 개념이 부정되었다. 이 「과학의 위기」에 의해 이전 세기 이후의 과학철학을 반성하는 기운이 싹텄다. 그 대표가 1920년－30년대 빈을 중심으로 발전한 논리실증주의(빈 학단)였다.

논리실증주의는 빈 대학 교수 슐릭(Moritz Schlick, 1882－1936)을 중심으로 모인 사람들이 추구한 운동이었다. 바이스만(F. Waismann, 1896－1958), 카르납(Rudolf Carnap, 1891－1970), 노이라트(Otto Neurath, 1882－1945), 칠젤(Edgar Zilsel, 1891－1944), 파이글(H. Feigl, 1902－88)과 같은 사람들이 「에른스트 마흐 협회」을 조직하여 활동했다. 여기에 베를린의 라이헨바흐(Hans Reichenbach, 1891－1953)나 헴펠(Carl Hempel, 1951－97) 등이 동참했다.

논리실증주의의 성립 배경에는 과학자 마흐의 독특한 실증주의와 그의 반형이상학적 태도가 있었다. 러슬의 논리학이나 비트겐슈타인에 의한 논리학의 강조도 영향을 끼쳤다. 논리실증주의자들은 감각적 경험을 통한 지식의 실증이라는 마흐의 생각과 논리분석의 방법을 연결지어 과학지식의 구조를 해명하려고 했다.

이하 이 책의 전개에서 중요한 것은 「의미의 검증이론」이라고 불리는 논리실증주의의 이론이다. 이것은 경험으로 검증(정당화)할 수 있는 것 이외에는 명제가 아니라는 주장이다. 그들은 이것에 의해 신학이나 형이상학을 배제하려고 했다. 예를 들어, 「영혼은 불멸」이라든가, 「신은 완전하다」와 같은 주장은 경험적으로 검증할 수 없다. 이 기준에 의해 비과학적인 명제를 배제하면, 역사학이나 모든 인문학도 과학이 될 수 있다고 생각했다. 이른바 「통일과학」

〈표 12. 3〉 헴펠의 과학 논리 모델

D−N)	$L_1, L_2, \cdots\cdots, L_r$ $C_1, C_2, \cdots\cdots, C_k$	설명하는 명제 (L: 법칙 C: 조건)
	E	설명되는 명제

(출처: ヘンペル,『自然科学の哲学』, 培風館, 82쪽.)

의 구상이었다.

빈 학단의 멤버들 중 다수는 유대인이었다. 그 때문에 히틀러의 시대에는 망명을 선택하지 않을 수 없었다. 미국으로 건너간 사람들도 많았으며 전후 시카고 대학에 초빙된 카르납을 중심으로 통일과학 운동이 지속되기도 했다. 그 중 한사람인 헴펠은 1966년의 저서『자연과학의 철학』(일본어역, 培風館, 1967년)에서 과학의 논리 구조는 표 12.3과 같은 것이라고 했다. 이것은「포괄 법칙 모델」또는「연역적 법칙적 모델」(D−N모델)이라고 불리는 것이다.

12.5 쿤의 패러다임론

논리실증주의에 대해서는 일찍부터 몇 가지 비판이 있었다. 예를 들어, 빈 학단의 주변에 있던 포퍼(Karl Raimund Popper, 1902−94)는 실험으로 검증되더라도 가설이 참인 경우를 논리학적으로는 주장할 수 없다고 비판했다. 그리고 오히려 반증이야말

로 중요하다고 역설했다. (반증주의). 또 어떤 가설이 만약 실험으로 검증되지 않더라도 가설이 오류가 아니라, 가설을 보조하는 이론(보조가설)이 오류일 수 있다는 비판도 있다. 예를 들어, 어떤 행성을 역학이 예측하는 위치에서 망원경으로 관측하지 못하더라도, 그것은 반드시 역학이 틀린 것이 아니라, 망원경의 이론이 틀렸을 가능성도 있다. 가설은 단독이 아니라, 다수가 모여서 이론을 구성하고 있기 때문이다. (결정 실험을 부정하는 뒤엠-콰인 명제). 또는 미국의 핸슨(Norwood Russell Hanson, 1924-67)은 실험 관찰의 결과는 전후의 문맥이나 전제가 되는 이론에 따라 달리 보인다고 했다. (관찰의 이론 의존성). 그러나 논리실증주의를 근본적으로 뒤흔든 것은 토마스 쿤의 1962년 책 『과학혁명의 구조』(일본어역, みすず書房, 1971년)였다. 이것은 논리실증주의자 카르납을 중심으로 간행된 「통일과학의 기초」 시리즈 중 하나였다. 그러나 그 영향은 아이러니한 것이었다. 그 책은 「패러다임」이라는 개념을 통해 논리실증주의에 심각한 타격을 가했고, 나아가 과학의 누적적 발전이라는 생각에도 위기를 불러왔다.

쿤에 따르면, 패러다임이라는 것은 「일정한 기간, 연구자 공동체에게 모델이 되는 문제나 해석을 제공하는 일반적으로 인정되는 과학적 업적」(『과학혁명의 구조』의 들어가며)이다. 물리학자 출신인 쿤은 과학의 분야에서는 매우 당연한 이 같은 학문의 공통 전제가 인문 사회과학에서는 존재하지 않는다는 사실에 충격을 받았다. 논의의 출발점에서부터 생각이 다른 것은 드문 일이 아니다. 여기서 쿤은 과학에 고유한 것으로서 패러다임의 개념에 도달했다.

패러다임의 개념이 강한 영향을 미친 근저에는 정상상태에서는 패러다임이 비판으로부터 자유롭다는 쿤의 주장이 있었다. 예를 들어, 천왕성의 궤도는 뉴튼 역학의 예언과 일치하지 않는다는 것이 알려져 있었다. 그러나 뉴튼 역학이라는 패러다임이 부정되는 일은 없었다.[2)] 반대로 천왕성 궤도의 불규칙으로부터 역학적 계산에 의해 해왕성의 존재가 예측되었다. 그 존재는 천문 관측에 의해 1846년에 증명되었다. 즉, 이론에 반하는 현상이 존재하더라도 새롭게 풀어야 할 문제를 제시하는 한, 낡은 패러다임은 계속된다. 이것을「정상과학」이라 부른다. 과학자는 논리실증주의자가 생각하는 것처럼 행동하지 않는다. 정상과학의 시기에는 오히려 기존의 이론을 고수하고, 그 안에서 퍼즐 풀기와 같은 연구에 매달림으로써 과학을 진행시킨다. 그러나 풀어야 할 새로운 문제를 제시할 수 없다면, 과학은 위기에 빠지고 마침내 이론의 근본적인 교체인「과학혁명」이 일어난다. 뉴튼 역학은 그렇게 상대론적 역학에 의해 교체되었다.

쿤이 말하는 과학혁명의 의미는 코이레가 만들어낸 과학혁명이라는 용어와는 내용이 다르다. 그러나 쿤은 코이레의 과학사에서 영향을 받았다. 그는 하버드대학에서 강의하기 위해 과학사를 배웠을 때, 코이레의 연구 등을 통하여 아리스토텔레스의 과학적 패러다임이 근대과학과는 전혀 다르다는 것에 문제의식을 느꼈

---

2) 여기서는 패러다임이라는 용어를 이론의 큰 틀이라는 의미로 사용하고 있다. 패러다임이라는 용어는 그 밖에 과학자가 공통으로 배우는 교과서나 전형적인 연습문제 사례 등이라는 의미로 사용되는 경우도 있다.

다. 『과학혁명의 구조』가 충격을 준 핵심적인 이유는 서로 다른 패러다임들 사이에서는 공통된 논의가 불가능하다는 공약 불가능성(incommensurability)의 개념을 제시했기 때문이다. 이것을 설명하는 데 있어 쿤은 게슈탈트 전환이라는 것을 예로 들었다. 보는 각도에 따라 노파로도 보이고 젊은 여성으로도 보이는 이 그림은 게슈탈트 전환의 유명한 사례이다. (그림 12.1).

이 그림에서 노파와 젊은 여성을 동시에 보는 것은 불가능하다. 한 번에 한 쪽밖에 보이지 않는다는 것이다. 쿤은 과학자 또한

〈그림 12. 1〉 노파와 젊은 여성

만화가 힐(W. E. Hill)이 그린 것을 심리학자 보링(Edwin. G Boring)이 1930년에 소개한 것. 젊은 여성이 뒤를 보고 있는 그림으로, 젊은 여성의 턱이 노파의 코에 해당한다.

(출처: 日本経済新聞社, 『別冊·サイエンス science Illustrated 2 사물을 보는 심리』, 35쪽.)

두 개의 패러다임이 있는 경우, 어느 한 쪽의 입장에서만 이론을 보게 된다고 말한다. 패러다임 간의 대화가 불가능한 것은 과학이 누적적으로 진보한다는 논리와 모순된다. 따라서 이 논의는 과학의 합리성 전반에 의문을 던져주게 되었다. 패러다임에 의한 논의는 과학 이론이 진보하는 것이 아니라 교체될 뿐이라는 것을 포함하고 있기 때문이다.

12.6 과학사회학과 상대주의

쿤의 패러다임은 「과학공동체」(과학자집단)라는 사회집단에 의해 공유되는 것이었다. 따라서 사회집단을 다루는 사회학과 친화적이었다. 그리고 양자의 결합은 상대주의로 이어졌다.

과학사회학은 로버트 머튼(Robert Carhart Merton, 1910–2003)이나 데스먼드 버널(John Desmond Bernal, 1901–71)에 의해 1930년대에 시작되었다. 전후에는 머튼이 이것을 본격적으로 발전시켰다. 과학자가 지키고 있던 행동규범으로써 그가 공유제(Communalism), 보편주의(Universalism), 이해의 초월(Disinterestedness), 계통적인 회의주의(Organized Skepticism) 등을 든 것은 유명하다. (약칭해서 CUDOS라고 부른다). 그러나 머튼의 과학사회학은 과학 이론의 내부에까지 파고든 것은 아니었다. 쿤의 영향을 받은 새로운 과학사회학은 패러다임 개념을 이용하여 그 벽을 돌파하고자 했다. 여기서 상세히 설명할 수는 없지만, 1970년대 중반 에딘버러대학이나 바스대학에서 전개된 과학지식사회학(SSK, Sociology of Scientific Knowledge)은 상대주의적인 경향이 강하다. 과학은 과학공동체가 믿는 패러다임에 불과하고, 그런 점에서 종교나 의사과학과 같은 것으로 여겨졌다. 사실 쿤 자신은 이 흐름에 반대했지만, 과학지식의 사회학은 쿤의 의도를 넘어 전개되었고, 마침내는 과학자들의 강한 반대에 부딪혔다. 1996년 이후의 「과학전쟁(Science Wars)」은 그 전형적인 것이다.

최근의 과학론에서는 이 같은 과도한 상대주의를 어떻게 막을 것인가가 큰 과제가 되고 있다. 그 해답으로써 나는 영국에서 포퍼의 후계자인 라카토슈(Imre Lakatos, 1922−74)가 주장한 세련된 반증주의, 최근의 이론으로는 영국에 주재하는 미국인 스티브 풀러(Steve Fuller, 1959−)의 사회적 인식론, 또는 하버드대학 갤리슨(Peter Louis Galison, 1955−)의 「교역권」 논쟁에 의한 공약 불가능성의 극복 시도 등을 중요하게 생각한다.

그러나 여기서 과학론의 약점을 또 하나 지적해 두고 싶다. 그것은 현대사회에서 과학기술이 중요한 역할을 담당하고 있음에도 불구하고, 과학론의 초점이 지식으로서의 과학의 측면에 한정되는 경향이 있다는 것이다. 사회를 다루어야 할 과학사회학에서도 그 분석은 지식의 사회학에 치우쳐 있다. 사회활동으로서의 과학, 그리고 이것과 기술과의 관계 분석이 희박한 것은 현대의 과학기술을 이해하는 데 있어서 과학론의 준비가 불충분하다는 것을 보여주고 있다. 국가와 경제, 그리고 과학기술 사이의 관계 분석 등에는 과학론을 넘는 새로운 분석 틀이 요구된다. 그것에 대해서는 이 책의 마지막 장에서 다시 다룰 예정이다.

● 학습과제

이 책에서는 매우 간단하게 다룰 수밖에 없었던 과학사회학의 개요에 대해 참고문헌 등을 통해 공부해보기 바란다.

◆ 참고문헌

- 村上陽一郎, 『新しい科学論』, 講談社ブルーバックス, 1979年. (무라카미 요이치로, 『새 과학론』, 고단샤블루백스, 1979.)

  포퍼, 핸슨, 쿤 등의 과학철학을 알기 쉽게 정리하고 있다. 간행된 지 거의 30여 년이 흘렀지만, 여전히 신선함을 잃지 않는 책이다.

- Lecourt, Dominique. *La philosophie des sciences* (Paris: Presses universitaires de France, 2001). ドミニック·リクール, 『科学哲学』, 白水社文庫クセジュ, 2005年.

  고대와 중세부터 근대까지 과학철학의 형성을 밀도있게 정리하고 있다. 이 장에서는 다루지 않았던 콩트나 바슐라르 등 프랑스계통의 과학철학도 언급하고 있다.

- 野家啓一, 『クーン』, 講談社, 1998年. (노에 케이치, 『쿤』, 고단샤, 1998.)

  쿤의 과학철학을 19세기 휴웰 이후의 과학철학의 흐름 속에서 다루고 있다. 쿤의 주장에 관한 내용도 잘 알 수 있다.

- 金森修·中島秀人編著, 『科学論の現在』, 勁草書房, 2002年. (가나모리 오사무·나카지마 히데토 편저, 『과학론의 현재』, 경초서방, 2002.)

  과학지식사회학 이후의 과학론을 정리한 교과서이다. 조금 전문적인 내용이기 때문에 흥미를 가진 독자들에게 추천한다.

13

냉전형 과학기술 연구시스템의 형성

〈이 장의 학습목표 & 포인트〉 맨해튼 계획을 중심으로 전쟁과 과학기술에 대해 배운다. 또 제2차 세계대전 후 미국의 냉전형 과학기술 연구시스템과 맨해튼 계획 사이의 관계를 알아본다. 아울러 1980년대에 이 연구시스템이 직면했던 문제점을 이해한다.

〈키워드〉 맨해튼 계획, 과학(의) 동원, 과학행정관, 냉전형 과학(냉전형 과학기술 연구시스템), 직선형 모델, 기술혁신(이노베이션), 영 리포트, 바이 돌 법.

13.1 전쟁과 과학기술

제11장에서 살펴본 대로, 19세기 말부터 20세기 초까지 미국의 과학연구는 주로 민간에 의해 추진되었다. 이 같은 상황은 1930년대에 들어서도 변하지 않았는데, 그 해 미국의 연구 지출 총액인 1억 6600만 달러 중에서 정부 지출이 3할, 민간 지출이 7할 정도였다. 그러나 제2차 세계대전을 거치면서 큰 변화가 시작되었는데, 정부 지출은 5년 마다 거의 두 배가 되었다. (표 13.1〈a〉). 지출 비율도 역전되면서 1950년대에 이르러 정부가 6할, 민간이 4할 정도가 되었다. 정부 지출의 많은 부분은 국방성의 자금이 차지했다.

(표 13.1〈b〉).

이 같은 변화의 배경에는 제2차 세계대전 후 미소 간의 냉전이 있었다는 사실은 의심할 여지가 없다. 1945년에 미국이 원자폭

〈표 13. 1〉 1960년대 중반까지 미국 정부의 연구 개발 투자의 추이

(a)는 5년 마다, (b)는 기관별

연도	연구개발비
1940-44	2,532
1945-49	5,345
1950-54	10,448
1955-59	22,009
1960-64	54,595

(단위: 100만 달러)

(자료: 「과학기술백서 쇼와(昭和) 40년판」, 191쪽, 194쪽.)

(b)

연도	국방부	항공 우주국	원자력 위원회	보건교육 복지부	국립 과학재단	그 외	총 계
1953-54	2,487	90	383	63	4	121	3,148
1954-55	2,630	74	385	70	9	140	3,308
1955-56	2,639	71	474	86	15	161	3,446
1956-57	3,371	76	657	144	31	183	4,462
1957-58	3,664	89	804	180	33	220	4,990
1958-59	4,183	145	877	253	51	293	5,803
1959-60	5,654	401	986	324	58	315	7,738
1960-61	6,618	744	1,111	374	77	356	9,278
1961-62	6,812	1,251	1,284	512	105	409	10,373
1962-63	6,849	2,540	1,335	632	142	490	11,988
1963-64	7,519	4,171	1,503	791	197	496	14,674
1964-65	7,222	4,900	1,569	801	208	655	15,355
1965-66	6,880	5,100	1,557	936	266	706	15,445

(출처: 星野芳郎編, 『戰爭と技術』, 雄渾社, 254쪽.)

탄의 개발에 성공한 이후, 미소의 군사적 팽창 경쟁이 개시되었다. 원자폭탄과 수소폭탄, 미사일의 개발 등 군사기술 연구에 막대한 자금이 투하되었다.

그런데 과학기술과 군사의 이 같은 결탁은 그리 오래된 것이 아니다. 19세기에는 제철과 같은 산업기술이 전쟁에 영향을 미쳤다. 그러나 그것은 과학기술의 「성과」라기보다 일상적인 기술적 개량의 측면이 강했다. 과학적인 요소를 든다면, 전신을 활용하거나 철도로 기동력 있게 병력을 수송하는 정도였다.

과학기술을 군사에 이용하기 위한 조직적 정비는 제1차 세계대전이 발발한 후에 시작되었다. 영국에서는 1915년 해군에 발명 연구 심의회가 설치되었다. 거기서는 독일 잠수함의 무차별적 공격에 대한 대처로서 음향탐지 등이 과제로 떠올랐다. 같은 해 미국 해군도 에디슨을 중심으로 해군에 자문위원회를 설치했다. 나아가 이듬해에는 국가연구평의회(National Research Council)가 설치되었고, 거기에 광학 병기, 항공기, 화약, 독가스 등의 분과회가 구성되었다. 그러나 정부는 당초 이 같은 움직임에 냉담한 반응을 보였기 때문에 사무소는 물론 예산조차 확보할 수 없을 정도였다. 제1차 세계대전에서 독가스를 개발한 독일에서도 전쟁을 위한 과학기술의 조직적 정비는 세계대전 이후의 일이었다고 한다.

국가가 특정 목적을 위해 과학자를 조직화하고, 연구 개발을 수행하는 것을 「과학의 동원」(또는 「과학동원」)이라고 한다. 전쟁을 위한 과학동원이 본격적으로 추진된 것은 제2차 세계대전 당시였다. 레이더 개발과 병행하여 그 중요한 계기가 된 것은 맨해튼 계획이었다.

맨해튼 계획이란 제2차 세계대전 중에 미국이 추진한 원자폭탄 개발계획이다. 1942년 본격적으로 개시되어 불과 3년 만에 원폭의 제작에 성공하게 된다. 당초에는 독일에 원폭을 투하하는 것이 목표였지만, 실제로는 히로시마와 나가사키에 투하되었다. (각각 우라늄 폭탄과 플루토늄 폭탄). 아래에서는 우라늄 폭탄의 개발에 초점을 맞춰 맨해튼 계획의 대강을 살펴보기로 한다.

13.2 맨해튼 계획의 시작

방사성 원소는 1896년 프랑스의 과학자 베크렐(Antoine Henri Becquerel, 1852–1908)에 의해 발견되었다. 영국의 물리학자 어니스트 러더퍼드(Ernest Rutherford, 1871–1937)는 방사성 원소의 연구를 통해 방사선은 원자가 깨지면서 방출된다는 것, 그 에너지는 일반적인 화학반응의 약 백만 배라는 것 등을 해명했다. 러더퍼드는 원자의 에너지를 이용할 수 있다는 생각을 부정했다. 그러나 헝가리 태생의 유대인 물리학자 레오 실라르드(Leó Szilárd, 1898–1964)는 1933년 망명지인 영국에서 원자핵을 연쇄적으로 반응시키면, 그것이 가능하다는 착상을 얻었다. 우연히도 히틀러가 수상에 취임한 해였다.

제2차 세계대전이 발발하기 전년도인 1938년 말, 베를린의 카이저 빌헬름 화학연구소에 근무하던 오토 한(Otto Hahn, 1879–1968)은 우라늄에 중성자를 맞추면 핵분열이 일어난다는 것을 발견했다. (11. 5절 참조). 그 때 복수의 중성자가 방출된다면, 연쇄반응이 가능해진다. 한은 우라늄 분열의 발견 자체에 대해 반신반의했지만, 나치를 피해 스웨덴에 가 있던 공동 연구자 리제 마이트너(Lise Meitner, 1878－1968)에게 그 사실을 알렸다. 그 정보는 마이트너의 조카 오토 프리시(Otto Frisch, 1904－79), 그리고 그가 체류하던 곳의 닐스 보어(Niels Henrik Bohr, 1885－1962)를 거쳐 미국에 전해졌다.

영국에서 미국으로 간 실라르드는 우라늄의 핵분열로 복수의 중성자가 방출된다는 것을 실험으로 확인했다. 나치가 이 연쇄반응을 이용하지 않을까 걱정하던 그는 베를린 시절의 스승이자 친구였던 아인슈타인(Albert Einstein, 1879－1955)에게 미국 대통령에게 편지를 쓸 것을 제안했다. 당시 아인슈타인도 1933년 무렵 히틀러에게 쫓겨와 미국에서 살고 있었다. 실라르드가 쓰고 아인슈타인이 서명한 루즈벨트 대통령에의 1939년 11월 편지에는 원자폭탄의 가능성이 설명되어 있다.

그러나 미국 정부의 움직임은 결코 빨랐다고 볼 수 없었다. 정부는 원자로의 연구에 부분적으로 예산을 투입했을 뿐이었다. 상황이 바뀐 것은 1941년 여름 영국에서 미국 정부에 전달된 소식이었다. 그 소식은 영국에 있던 프리시와 루돌프 파이얼스(Rudolf Ernst Peierls, 1907－95)의 연구에 근거한 것인데, 천연 우라늄 속에 있는 우라늄 235를 추출해 낼 수 있다면, 그것을 일정량 모으는 것만으로도 폭발적인 연쇄반응이 일어난다는 내용이었다. (모드 보고). 「임계」라는 이 현상을 일으키는 우라늄의 양은 약 10킬로그램으로 예상되었다. (실제는 약 50킬로그램).

제2차 세계대전이 시작되자 미국에서는 전시 과학동원 체제가 정비되었다. 1940년 전직 MIT부총장이었던 배느바 부시(Vannevar Bush, 1890-1974)를 책임자로 국방연구협의회(NDRC, National Defence Research Commitee)가 설립되었다. 아인슈타인의 편지를 계기로 원자로 개발은 그 밑에서 추진되었다. 나아가 이듬 해 부시를 책임자로 국방연구협의회를 산하에 두는 과학연구개발국(OSRD, Office of Scientific Research and Development)이 발족했다.

앞의 모드 보고의 내용은 영국에서 미국의 국방연구협의회에 공식적으로 전달되었다. 그 뒤 몇 차례의 우여곡절을 거쳐 미국 정부는 본격적으로 원폭 개발을 시작하게 되었다. 계획의 실행은 과학연구개발국으로부터 육군에 이관되었다. 1942년에는 뉴욕에 맨해튼 공병 관구가 설치되었고, 결국 맨해튼 계획으로 정식 발족했다.

13.3 우라늄의 농축

원폭을 만드는 데 해결되어야 할 과제들에는 기술적인 측면을 포함한 많은 것들이 있었다. 그 중에서도 천연 우라늄에서 우라늄 235를 추출하는 것은 큰 과제였다. 천연 우라늄의 대부분은 우라늄 238이고, 그 안에 우라늄 235는 약 0.7 퍼센트 밖에 포함되어 있지 않다. 그러나 동위 원소를 분리하는 데 화학적 방법을 쓸 수는 없다. 우라늄 235와 238은 물리적인 무게 차이도 경미하다. 우라늄 235의 농도를 높이는 것을 우라늄 농축이라고 부르는데, 이것에는 기체 확산법과 전자법이라는 고난도의 방법이 사용되었다.

기체 확산법은 기체로 만든 우라늄을 작은 구멍이 있는 막을 통하여 확산시키는 방법이다. 그러면 우라늄 235가 238보다 조금 더 빠르게 확산이 일어난다. 기체 확산법은 그 차이를 이용하여 농축하는 방법인데, 이 경우는 다단계의 농축이 필요하기 때문에 고농도의 농축은 쉽지 않았다. 단, 설비를 크게 만든다면, 한꺼번에 다량을 처리하는 것이 가능했다.

한편, 전자법에는 가속기의 일종인 사이클로트론이 사용되었다. 사이클로트론은 캘리포니어대학의 물리학자 어니스트 로런스(Ernest Orlando Lawrence, 1901–58)가 발명한 것이다. 이 장치로 우라늄의 이온을 가속으로 원운동시키면, 무게에 의해 거의 정확히 운동 궤도가 나누어 진다. (그림 13.1). 이 방법은 우라늄 235를 고

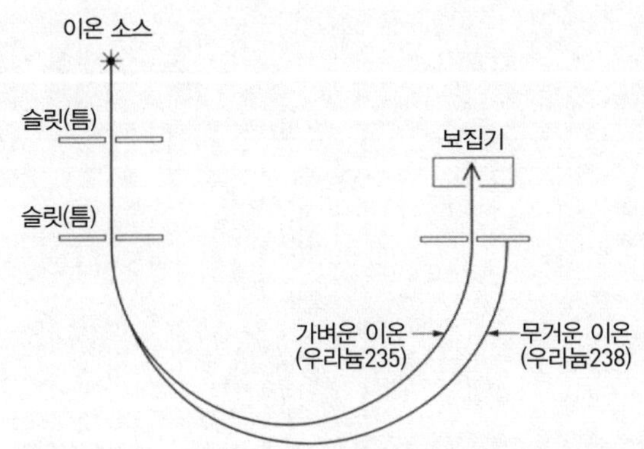

〈그림 13. 1〉 전자법에 의한 우라늄 농축의 개념도

(출처: リチャード·ローズ,『原子爆弾の誕生·普及版』, 紀伊国屋書店, 157쪽.)

농도로 농축할 수 있지만, 다량의 농축에는 적합하지 않았다. 여기서 두 가지 방법의 장점을 결합시키는, 즉 기체 확산법을 통해 우라늄 235를 예비적으로 분리한 뒤에 전자법을 통해 그것을 고농도로 농축하는 방식이 채택되었다.

우라늄의 농축작업은 실험실 밖에서 공업적으로 추진될 필요가 있었다. 기체 확산에 필요한 공장은 약 17헥타르 정도의 대규모 공장으로, 그곳에서는 수천 개의 확산장치를 통해 다단계의 병행처리가 이루어졌다. (그림 13.2). 우라늄 기체는 육플루오린화 우라늄(UF6)이라는 것으로 유기물의 부식성이 매우 강하다. 기체의 누출 방지용 그리스(기름)도 특수한 종류가 개발될 필요가 있었다. 농축 시설의 설치부터 운영까지 화학 제조회사의 협력이 필수 불가결했다. 전자법을 위한 시설에도 거대 전기회사의 협력이 요구되었다.

〈그림 13. 2〉 테니시 주 오크리지에 건설된 거대한 기체 확산법 설비

(출처: リチャード·ローズ, 『原子爆弾の誕生·普及版』, 紀伊国屋書店, 163쪽.)

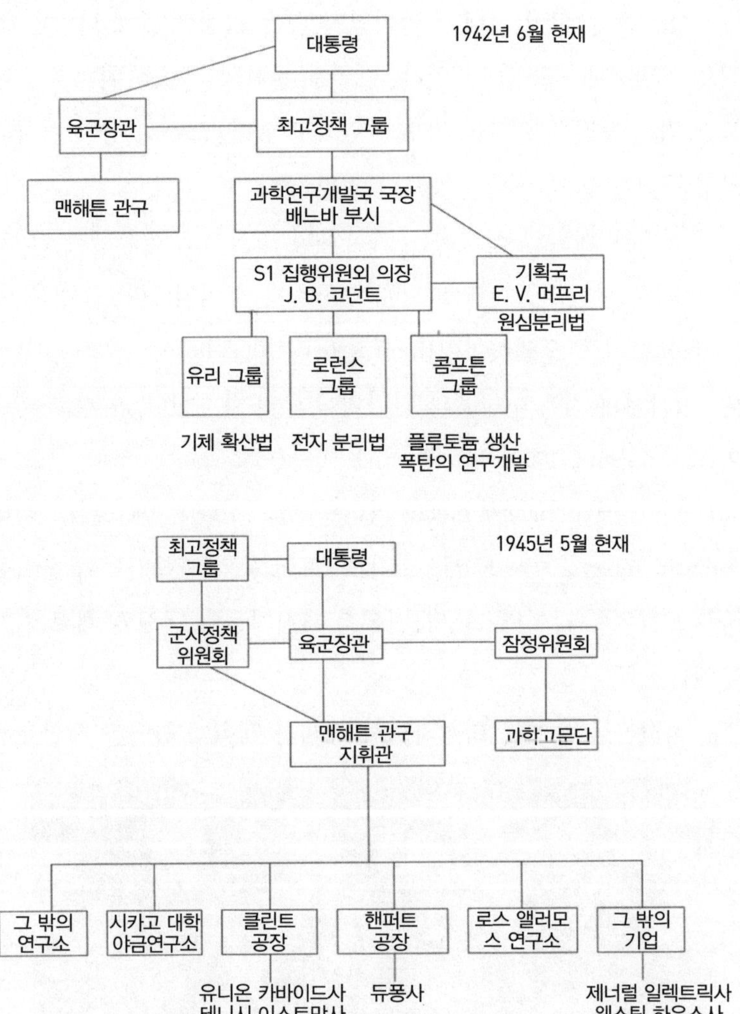

〈그림 13. 3〉 맨해튼 계획 기구의 변천

정부기관과 과학자들에 의한 조직(위, 1942년)이 실무의 전개에 의해 육군과 기업 주도의 형태(아래, 1945년)로 변화해 간 것을 알 수 있다.

(출처: 山崎正勝·日野川静枝編著, 『増補版·原爆はこうして開発された』, 青木書店, 68쪽.)

맨해튼 계획이 거대 공업이었던 것은 그림 13.3에 나타난 조직도의 변천에서도 알 수 있다. 보어는 원폭의 개발을 위해서는 미국 전역을 공장으로 만들 필요가 있다고 했다. 그러나 당시 미국의 공장 규모는 그가 생각한 것보다 훨씬 컸다.

맨해튼 계획의 실시에는 과학자의 조직화도 필요했다. 1943년 뉴멕시코주 로스 앨러모스에 연구소가 설치되었다. 소장은 물리학자 로버트 오펜하이머(John Robert Oppenheimer, 1904-67)였다. 여기서는 원폭의 구조와 관련된 연구가 행해졌다. 엔리코 페르미(Enrico Fermi, 1901-54), 존 폰 노이만(John von Neumann, 1903-57), 한스 베테(Hans Albrecht Bethe, 1906-2005), 에드워드 텔러(Edward Teller, 1908-2003), 프리츠, 보어 등의 과학자들이 참여했다. 그 밖에도 각지의 연구시설에서 과학자들이 맨해튼 계획에 참여했다.

과학자들 중에는 행정가로서 맨해튼 계획에 관여한 사람들도

〈그림 13. 4〉 맨해튼 계획을 추진한 과학자들

오른쪽 세 번째부터 과학행정관 코넌트, 부시, 그리고 물리학자 콤프튼과 로런스

있었다. 과학연구 개발국의 부시에 대해서는 이미 언급했다. 하버드대학 총장 제임즈 코넌트(James Conant, 1893－1978)도 부시와 군 관계자, 부통령과 함께 최고정책 그룹에 속해 있었다. 그들과 같은 과학자들을 과학행정관이라고 부른다. (그림 13.4).

덧붙이자면, 코넌트는 원래 화학자이자 하버드대학 총장을 지냈다. 그는 하버드대학에서의 과학사 연구에 주춧돌을 놓은 인물이기도 했다. 그리고 그의 지원을 받아 하버드대학에서 과학사 수업을 담당했던 사람이 앞 장에서 언급한 토머스 쿤이었다.

13.4 부시와 냉전형 과학

과학행정관 부시는 제2차 세계대전 후 미국 과학정책의 향방을 결정했다고 말해진다. 그것은 그가 제2차 세계대전의 종전이 가까웠던 1945년 7월, 『과학—끝없는 프란티어』라는 보고서를 대통령에게 제출했던 것과 관련이 있다. 그는 전후 과학의 양상에 대해 루즈벨트 대통령으로부터 자문을 요구받았던 것이다.

보고서의 전제가 된 것은 '과학에서 기술로'라고 하는 이른바 직선형 모델이었다. 국가가 기초과학을 지원하면, 자연스럽게 국민의 건강, 안전 보장, 고용 확대 등이 가능하다고 여겨졌다. 즉 기초과학이 응용연구를 생산하고, 그것이 제품 등의 개발에 직선적으로 연결된다는 것이다. 맨해튼 계획에서는 원자 물리학의 연구가 원폭이라는 성과를 낳았다. 직선형 모델은 그것과 유사하다고 볼 수 있다.

1950년에는 부시의 이념을 바탕으로 기초과학을 지원하는 국립 과학재단(NSF)이 발족했다. 그러나 기관들 사이의 경쟁 등으로 말미암아 예산규모는 작았다. 분위기를 바꾼 것은 1957년의 스푸트닉 충격이었다. 소련이 미국보다 앞서 인공위성의 발사에 성공한 것이다. 나중에 존슨 대통령은 이 사건을 「제2의 진주만 공습」이라고 불렀다고 한다. 미국의 과학이 뒤처진 것이 아닌가 하는 염려가 확산된 결과, 기초 연구에 가까운 비군사 과학분야에 대한 정부의 투자가 증가했다. 케네디 정권하에서 국립 과학재단의 예산도 배로 증가했다. 생명연구나 의료분야에서는 국립 보건연구소(NIH)의 자금이 늘어났다. 1958년에는 기존의 항공 자문위원회(NACA)를 발전시킨 항공 우주국(NASA)이 설립되었다. 이윽고 아폴로를 쏘아 올린 NASA도 기초연구에 투자했다.

냉전시대였기 때문에 실제로는 다액의 연구 자금이 군사 연

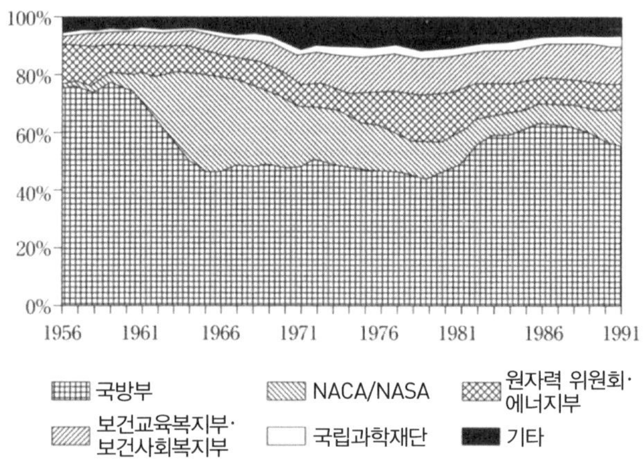

〈그림 13. 5〉 미국 정부와 각 기관별 연구개발 투자의 비율 (1956-91)

(출처: Alexander Morin, *Science Policy and Politics*, Prentice-Hall, Inc., p. 34.)

구에 투입되었다. 통계 자료를 보면, 1950년대 미국 정부의 연구개발 투자는 항상 과반이 국방성을 통한 것이었다. (그림 13.5).

인기 있는 과학기술 분야도 원자력이나 우주개발 등이었다. 그러나 스푸트닉 충격 이후 오랫동안 미국의 체면 때문에 기초에서 응용까지 모든 과학연구 분야에 자본이 투입되었다. 기초과학의 이데올로기가 지배한 것이다. 투하된 자금이 막대했기 때문에 거대과학(빅 사이언스)도 가능해졌다. 이 같은 과학의 모습을 근래에는 냉전형 과학(Cold War Science)이라고 부른다.

13.5 냉전형 과학기술 연구시스템의 난관

부시의 생각은 과학의 발전이 기술의 진보로 이어진다는 것이었다. 그러므로 이 책에서는 이것을 「냉전형 과학기술 연구시스템」이라고 하여 기술이라는 용어도 포함시켰다. 그리고 부시의 이 직선형 모델의 쇠퇴는 기술 분야에서 시작되었다. 그것은 일본과 비교할 때 미국의 산업 경쟁력의 저하였다. 정부가 기초연구에 투자하더라도 기술혁신(이노베이션)에 연결되지 않았던 것이다.

1960년대까지 미국과 일본 사이의 무역마찰은 섬유와 철강, 컬러 텔레비전의 분야에서 발생했다. 70년대에 들어가자 자동차 분야에서 마찰이 격화되었다. 1980년대의 양국 간 마찰은 반도체와 같은 고급 과학기술 제품에까지 파급되었다. 미국의 무역 수지는 마침내 적자로 떨어졌다.

1983년 레이건 대통령은 산업경쟁력 위원회를 설치했다.

1985년에는 일명 영 리포트(Young Report)라고 불리는 보고서가 제출되었는데, 그것은 지적 재산권을 중시할 필요성을 지적했다. 그에 앞선 80년에는 바이 돌 법(The Bayh—Dole Act)이 제정되었다. 그것은 정부 자금에 의한 연구성과를 민간이 사용할 수 있도록 하는 것이었다. 그때까지 정부 자금에 의한 연구 성과인 국유 특허의 이용률은 불과 1퍼센트에 머물러 있었다. 바이 돌 법에 의해 대학이 특허를 얻고, 기술 이전 기관(TLO) 등을 설치하여 기업에 허가를 주는 것도 가능해졌다.

이 같은 움직임은 그 뒤의 벤처 기업 붐으로 이어졌다. 그것은 과학의 진보가 기술의 발전에 자연스럽게 연결된다는 사고를 반성하게 했다. 동시에 냉전기를 통해 등장한 과학기술 연구시스템의 약점도 명확해졌다. 1993년 미국 정부는 SSC라고 불리는 거대 가속기의 건설 중지를 발표했다. 시대의 획기적인 전환을 상징하는 사건이었다.

● 학습과제

자신의 흥미에 따라 맨해튼 계획이나 기술혁신의 직선형 모델 등에 대해 자세히 조사해보자.

◆ 참고문헌

- 広重徹,『科学の社会史』, 上下, 岩波現代文庫, 2002年. (히로시게 테츠,『과학의 사회사』, 상하, 이와나미 현대문고, 2002.)

  과학의 제도화와 과학의 동원을 일본을 중심으로 다룬 고전의 복간이다. 해외의 전시 과학동원에 대해서도 다루고 있다.

- 山崎正勝·日野川静枝編著,『増補版·原爆はこうして開発された』, 青木書店, 1997年. (야마자키 마사카츠·히노카와 시즈에 편저,『증보판·원자폭탄은 이렇게 개발되었다』, 아오키서점, 1997.)

  원자폭탄 개발의 역사를 과학사 연구의 입장에서 정리하고 있다.

- Rhodes, Richard. *The Making of the Atomic Bomb* (New York: Simon & Schuster, 1986). リチャード·ローズ,『原子爆弾の誕生·普及版』, 上下, 紀伊国屋書店, 1995年.

  원자폭탄의 개발을 유럽에서의 이론적 발달로부터 미국에서의 실제적 제작에 이르기까지 인터뷰 등을 포함하여 정리한 명저이다. 퓰리처상을 수상했다. 다만, 조금 비싼 책이다.

- 中山茂,『科学技術の国際競争力』, 朝日新聞社, 2006年. (나카야마 시게루,『과학기술의 국제 경쟁력』, 아사히신문사, 2006.)

  제2차 세계대전 후의 일본과 미국의 과학기술 연구시스템의 변천을 알기 쉽게 논하고 있다.

- 一橋大学イノベーション研究センター,『イノベーション·マネジメント入門』, 日本経済新聞社, 2001年. (히토츠바시대학 이노베이션 연구센터,『이노베이션·매니지먼트 입문』, 일본 경제신문사, 2001.)

  이노베이션론을 배우기 위한 교과서. 사례가 풍부하기 때문에 이해하기 쉽다.

14

과학기술에 관한 문제의 분출

〈이 장의 학습목표 & 포인트〉 20세기 들어 과학기술에서 비롯된 문제들을 지구환경문제를 중심으로 생각한다. 산성비, 오존층 파괴, 지구온난화 등 지구환경문제들 각각의 성격 차이를 이해한다. 특히 지구온난화 문제에 대해서는 과학적 불확실성의 근저에 정치적 의사결정이라는 과제가 놓여 있음을 파악한다.

〈키워드〉 4대 공해, 공해국회, 레이첼 카슨, 성장의 한계, 글로벌화, 과학적 불확실성

앞 장에서는 배느바 부시의 생각을 기초로 성립한 제2차 세계대전 후의 과학기술 연구시스템을 살펴보았다. 나아가 그 전제에 해당하는 직선형 모델이 1980년대 들어 쇠퇴했다는 점을 지적했다. 그러나 부시의 생각에는 직선형 모델 이외에도 약점이 있었다고 말하지 않을 수 없다. 그것은 과학의 진보가 자연스럽게 인류의 행복으로 이어진다는 낙관론이었다. 제2차 세계대전 이후의 실상은 그 같은 낙관론이 가진 한계를 적나라하게 보여주었다.

예를 들어, 미국과 소련의 핵 군비 확장 경쟁은 인류를 몇 번이나 멸망시킬 수 있을 만큼의 핵무기들을 양산해냈다. 또 미국의 생물학자 레이첼 카슨(Rachel Carson, 1907–64)은 살충제 등으로

살포되는 농약(DDT 등)이 자연계에 축적되면, 사람이나 동식물에 심각한 영향을 끼칠 수밖에 없다는 점을 지적했다. 1962년 그녀의 책 『고요한 봄』(*Silent Spring*, 일본어역은 新潮文庫, 1974년)은 케네디 대통령에게도 영향을 준 것으로 알려진다. 아울러 베트남 전쟁을 통해 고엽제의 피해도 만천하에 드러났다.

14.1 환경오염에서 환경문제로

1960년대 일본에서는 산업오염이 사회문제로 등장했다. 대기는 오염되고 하천은 더럽혀졌다. (그림 14.1). 즉, 60년대 말 4대 환경오염을 둘러싼 재판이 일제히 시작되었고, 그 결과 원고가 모두 승소했다. (표 14.1).

일명 공해국회라고 불린 1970년의 제64회 임시국회에서는 공해대책과 관련된 14개 법이 입안되었다. (아래에 대해서는 표 14. 2를 참조). 그 이듬해에는 환경청(현재의 환경성)이 설립되었다. 70년대 들어서는 자동차가 대중화되면서 배기가스 문제가 새로운 이슈로 떠올랐다. 미국에서는 1970년대에 배기가스 대책을 위한 머스키 법이 제정되었지만, 그 실시는 매우 늦었다. 일본에서는 1972년 중앙 공해대책 심의회 답신에 따라 배기가스 규제가 시작되었다. 1978년에는 세계에서 가장 엄격한 자동차 배기가스 규제가 실시되었다. 환경오염 문제는 많은 과제를 남겼지만, 일단 안정화 단계로 접어들었다.

1972년 스톡홀름에서 개최된 유엔 인간환경회의는 큰 전환점이었다. 이 회의를 전후로 공해를 대신하여 환경이라는 말이 널리 사용되기 시작했다. 유엔 인간환경회의는 환경의 중요성과 함께 인구의 과도한 증가에 대해서도 경종을 울렸다. 그 회의 결과 이듬해 유엔 환경계획(UNEP, United Nations Environment Programme)이 발족했다. 또 이 회의 뒤에 10년 간격으로 환경과 개발에 관한 국제회의가 개최되기 시작했다.

〈그림 14. 1〉 스모그에 둘러쌓인 요카이치시의 콤비나트군(1969년 2월 촬영)

(사진제공: 교토통신사)

〈표 14. 1〉 4대 환경오염을 둘러싼 재판

환경오염	제소	결심
니이가타 미나마타병	1967년 6월	1971년 9월
이타이 이타이 병 소송 1심	1968년 3월	1971년 6월
2심	1971년 6월	1972년 8월
요카이치 공해 소송	1967년 9월	1972년 7월
구마모토 미나마타병	1969년 6월	1973년 4월

14.2 지구의 유한성과 산성비

1970년대 지구환경문제가 이슈로 떠오르기 전에 사람들의 관심을 끈 것은 지구의 유한성이라는 관점이었다. 1972년에는 로마 클럽 최초의 보고서 『성장의 한계』(*The Limits to Growth*, 일본어역은 ダイヤモンド社, 1972년)가 출판되었다. 이 책은 인구, 경제, 식량 생산, 자원 이용의 기하급수적 성장이 지속되는 한, 지금부터 약 백년 안에 지구는 그 한계에 봉착할 것이라고 경고했다. 인구나 공업력이 돌연 제어불가능한 상태에 빠진다는 것이다.

1980년대 미국 정부는 『서기 2000년의 지구』(*The Global 2000 Report to the President*, 일본어역 1, 2, 家の光協会, 1980-81년)라는 제목의 보고서를 발표했다. 이 보고서는 『성장의 한계』와 유사하지만, 특히 지구가 온난화할 가능성이 있다는 사실을 강조했다. 성장 한계론은 1973년의 제1차 석유위기(오일쇼크)와 결합하여 더욱 현실적인 문제가 되었다. 에너지 절약 운동 등 생태학에 대한 관심이 높아졌다.

그러나 지구의 유한성은 인구나 자원, 경제성장 등의 한계로부터가 아니라, 먼저 지구환경문제에서 등장했다. 우선 산성비 문제가 제기되었다. 산성비라는 것은 대기오염 물질인 황산화물이나 질소산화물이 녹아서 pH 5.6 이하의 비가 내리는 것을 말한다. (비는 자연상태에서도 다소 산성을 띠고 있다). 1967년 스웨덴의 스반테 오덴(Svante Oden)은 산성비의 국제화를 맨 처음 지적했다. 그러나 사람들에게 큰 충격을 준 것은 1981년 독일 잡지 『슈피겔』이 「숲이

죽어가고 있다」는 기사를 게재한 것이다. 이듬해 스톡홀름에서는 산성비의 국제회의가 개최되었고, 1985년에는 벨기에 의정서가 채택되었다. 유럽의 주요 국가들이 황 산화물을 1993년까지 약 30퍼센트 삭감하는 조약안에 합의했다.

산성비는 대기오염에서 비롯되는 환경오염의 일종이다. 색다른 점은 그것이 국경을 넘는다는 것이다. 동시에 그때까지의 환경오염과는 달리 원인의 주체를 개별 기업으로 지목하기 힘든 점에도 특징이 있다. 유한한 지구에서는 한 국가의 대기오염이 다른 나라에 영향을 미치게 되는 것이다.

14.3 오존층의 파괴

우리가 특히 그 가해자와 피해자를 규명하기 어려운 것들 중에는 프레온 가스에 의한 오존층 파괴와 온난화 가스(온실효과 가스)에 의한 지구온난화 문제가 있다. 이 두 가지 문제는 우선 전지구적인 문제라는 공통점이 있지만, 아래에서 언급하는 것처럼 그 성격을 조금 달리한다.

미국의 화학자 토머스 미질리(Thomas Midgley, 1889-1944)는 1928년 프레온 가스를 합성하는 데 성공했다. 1931년 프레온 가스는 암모니아 등을 대처할 안정적이고 안전한 냉매로 상업화되었다. 그런데 1974년 캘리포니아대학의 화학자 프랭크 로울런드(F. S. Rowland, 1927-)는 프레온 가스가 오존층을 파괴한다고 주장하고, 그 메커니즘을 『네이처』에 발표했다. (1995년 노벨 화학상).

1984년에는 남극에서 거대한 오존홀이 발견되었다. 이듬해에는 오존층 보호를 위한 빈 조약이 채택되었다. 이를 근거로 몬트리올 의정서는 특정 프레온, 특정 하론 등을 선진국에서는 서기 2000년까지 완전히 폐기할 것을 결정했다. (그 뒤 예정을 앞당기는 것으로 수

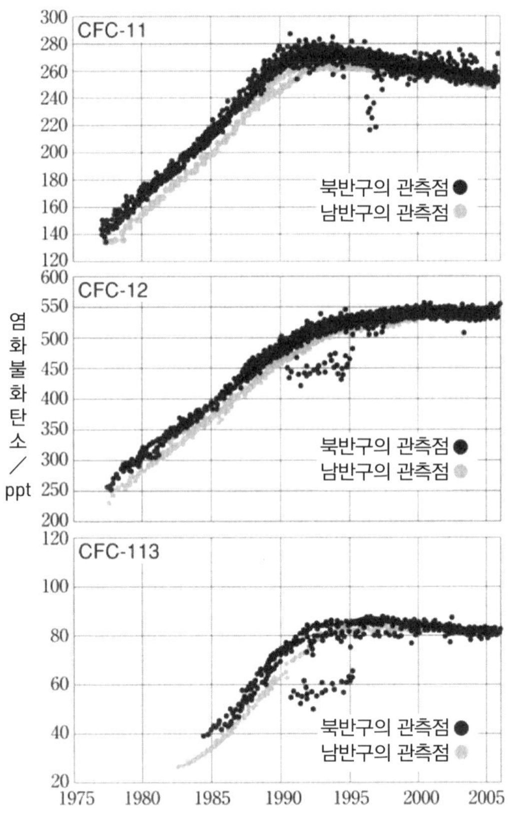

(주) ppt=part per trillion의 약자로 「1조분의 1」을 나타낸다.
CFC=첨부한 숫자는 「종류」를 나타낸다.

〈그림 14. 2〉 지구상의 관측점에서 보이는 대기중 염화플루오르화탄소(프레온 가스)류 농도의 경년 변화

(출처: 기상청 발표)

정됨). 그림 14.2에서 알 수 있듯이 규제의 효과는 단기간에 나타났고, 대기중의 농도는 정점을 지나 안정 또는 다소 감소 단계에 있다. (단지 이 표에는 없는 대체 프레온의 농도는 증가).

프레온 가스에 의한 오존층의 파괴 문제는 과학적으로 안전하다고 여겨졌던 화학물질에 당초 예상조차 못했던 위험요인이 도사리고 있다는 것을 보여주었다. 그것은 한마디로 예측 불가능한 위험이었다. 그러나 그 위험성을 훗날 명확히 규명한 것도 과학이었다. 여기서 과학은 위험의 창출과 인지라는 두 가지 몫을 동시에 맡게 된 것이다.

14.4 지구온난화와 과학적 불확실성

지구온난화에 대해서는 19세기부터 이산화탄소의 영향이 지적되고 있었다. 그러나 위기를 구체적으로 언급하기 시작한 것은 1970년대 말이었다. 세계 기상기구(WMO)의 후원으로 개최된 제1회 세계 기후회의가 1979년 지구온난화에 관한 성명을 발표했다. 그러나 당시는 기후가 한랭경향에 있었던 관계로 그다지 큰 위기감은 없었다. 온난화가 심각한 문제로 인식되기 시작한 것은 1987－88년이었다. 우선 『네이처』에는 남극의 소련 보스토크 기지에서의 관측자료를 이용한 논문이 발표되었다. 보스토크 기지에서는 남극 얼음을 2,083미터 파내고 얼음 기둥을 추출했다. 중심부로 갈수록 딱딱한 얼음으로, 가장 깊은 곳은 16만년 전의 얼음이었다. 이 얼음을 얇게 자르고, 거기에 포함된 이산화탄소의 양을 시대별로 측정했다. 동시에 물을 구성하는 원소의 동위체의 비율을 이용하여 당시의 온도를 추정했다. 그 결과 얻어진 그래프가 그림 14.3이다. 이 그림에서 기온과 이산화탄소의 농도 사이에는 강한 상관관계가 있다는 것을 알 수 있다.

지구온난화에 큰 충격을 준 또 하나의 사건은 NASA의 고다드 우주연구소의 제임즈 한센(James Hansen, 1941–)이 1988년 미국 상원에서 행한 증언이었다. 그는 컴퓨터 시뮬레이션에 의거하

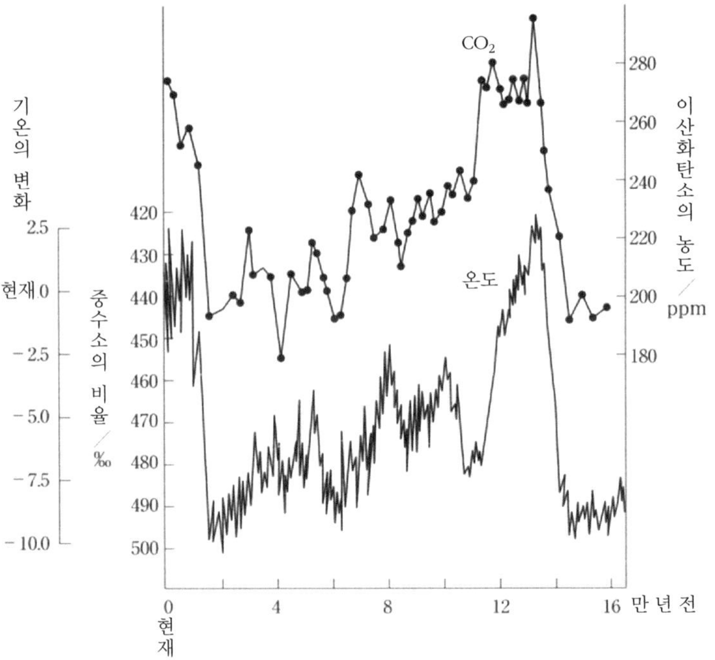

(주) ‰(permil)=천분율, 즉 「1,000분의 1」을 나타낸다.
ppm=part per million의 약자로 「100만분의 1」을 나타낸다.

〈그림 14. 3〉 과거 16만 년간 대기중의 이산화탄소 농도와 기온

(출처: 米本昌平, 『地球環境問題とは何か』, 岩波新書, 21쪽.)

여 지구온난화는 99퍼센트 확실한 사실이라고 주장했다. 한센은 그 직후 자신의 연구를 논문으로 발표했는데, 그 전년도에 발생한 미국의 유래없는 폭염과 관련하여 그 논문은 사람들에게 큰 충격을 가져다 주었다. 의회의 지시에 따라 미국 환경보호청은 1989년에 보고서를 발표했는데, 그것은 21세기말 지구의 평균기온이 2-6도 상승한다는 결론이었다.

1990년에는 기후변화에 관한 정부간 패널(IPCC, Intergovernmental Panel on Climate Change)이 보고서를 발표했다. 그것은 현재의 추세라면, 지구의 평균기온은 10년마다 약 0.3도씩 상승할 것이라고 지적했다. IPCC는 유엔 환경계획, 세계 기상기구나 각국 정부의 전문가가 모인 조직이기 때문에 그 보고서는 장기간을 놓고 볼 때, 가장 권위있는 예측으로 간주되었다. 지구온난화는 단시간에 전지구적인 문제로 떠올랐고, 그 결과 1992년에는 기후변동 범위조약이 마련되었다. 온난화 가스를 삭감하는 길이 열린 것이다. 같은 해 브라질에서 개최된 이른바 리우 정상회담에서는 150개국 이상이 이 조약에 서명했다.

그러나 잘 알려진 것처럼 이후의 움직임은 그다지 순조롭지 않았다. 1997년의 제3회 기후변동 범위조약 체결회의(COP3)에서 교토의정서가 체결되었지만, 그로부터 5년 뒤 미국은 경제적 타격을 이유로 이 조약에서 탈퇴했다. 나아가 선진국과 개발도상국의 이해관계도 대립했다. 즉, 오존층 파괴의 문제와 비교할 때, 지구온난화 문제는 매우 정치적인 문제로 변질된 것이다.

동시에 온난화 가스에 의한 지구온난화가 정말로 일어나고 있는가에 대해서도 의문이 제기되었다. 즉, 지구온난화라는 문제는 프레온 가스에 의한 오존층 파괴와 비교할 때, 과학적 불확실성이 크다는 것이다. 이 같은 불확실성을 전제하더라도, 그것이 정말로 일어나고 있을 경우 인류에게 미칠 영향까지도 고려하는 정치적 의사결정이 요구되고 있다. 그렇지 않으면 지구온난화는 돌이킬 수 없는 문제가 될 것이기 때문이다. 이 같은 종류의 불확실성을 포함하여 지구의 위기는 점점 증가하고 있으며, 그에 따라 과학은 새로운 과제를 부여받고 있다.

〈표 14. 2〉 환경문제 관련 연표 (2002년 정상회담까지)

개최 연도	환경문제
1928년	토머스 미질리, 최초로 프레온 가스 합성 (31년 발표)
1963년 4월	라인강 오염방지 국제위원회 협정 체결 (베를린 협정)
1967년	스웨텐의 스반테 오덴(Svante Oden), 산성비의 전지구적 피해를 지적
1967년	일본, 공해대책 기본법 제정
1970년	미국, 머스키(Muskie)법 성립
1970년	이른바 「공해국회」에서 공해대책 관련 14개법 성립
1971년 7월	환경청 발족
1972년	로마 클럽 『성장의 한계』
1972년 6월	유엔 인간환경회의 (스톡홀름 회의)
1973년	유엔 환경계획(UNEP) 발족
1974년	캘리포니아대학의 로울런드, 프레온이 오존층을 파괴한다고 『네이처』에 발표
1978년	미국에서 프레온의 스프레이 사용이 금지됨.
1978년	일본, 1978년 자동차 배기가스 규제 실시
1979년 2월	주네브에서 제1회 세계 기후회의, 지구온난화의 가능성에 대한 성명

개최 연도	환경문제
1980년 2월	미국 정부, 『서기 2000년의 지구』라는 보고서를 발표
1981년 11월	독일 잡지 『슈피겔』에 발표된 「숲은 죽어가고 있다」가 충격을 줌
1982년 6월	스톡홀름에서 산성비 문제의 국제회의 (인간환경회의 10주년)
1984년	남극에서 대규모의 오존홀 발견
1985년 3월	오존층의 보호를 위한 빈 조약
1985년 10월	오스트리아 필라흐회의(UNEP, WMO), 지구 평균기온의 급격한 상승을 보고
1986년 4월	체르노빌 원전사고
1987년 9월	몬트리올 의정서 (빈 조약에 근거)
1987년 10월	지구온난화에 관한 중요논문이 『네이처』에 게재됨.
1988년 6월	제임즈 한센, 미국 상원 공청회에서 지구온난화는 99퍼센트 확실하다고 증언
1988년 9월	유엔 총회가 「환경총회」의 양상을 띔
1988년 9월	대처 영국수상, 왕립학회에서 지구환경문제의 중요성을 지적
1988년 12월	유엔, 기후변화에 관한 정부간 패널(IPCC)을 정식으로 인시
1989년 1월	부시 미국대통령, IPCC에서 「생태학적 정치」의 중요성을 강조
1990년 8월	IPCC 보고서를 완성, 현재의 추세로는 기온이 10년마다 0.3도씩 상승한다고 봄
1992년 5월	EC위원회, 탄소세 도입 구상을 발표
1992년 5월	생물 다양성에 관한 조약 체결
1992년 5월	기후변동 범위조약 합의
1992년 6월	환경과 개발에 관한 유엔 회의 (리우 정상회담)
1997년 12월	교토의정서·COP3에서 체결
2002년 2월	미국, 교토의정서 탈퇴
2002년 8월	지속가능한 세계에 관한 세계 정상회담 (요하네스부르크 정상회담)

● 학습과제

지구환경문제 중에서 흥미 있는 테마를 선택하여 자세히 조사할 것.

◆ 참고문헌

- 米本昌平, 『地球環境問題とは何か』, 岩波新書, 1994年. (요네모토 쇼헤이, 『지구환경문제란 무엇인가』, 이와나미신서, 1994.)

  지구환경문제의 전개를 국제정치와의 관련 속에서 다루고 있다. 이 문제가 어떻게 과학적으로 해명되어 왔는지에 대해서도 알기 쉽게 소개하고 있다.

- McCormick, John, *The Global Environmental Movement* (New York: Wiley, 1995). ジョン·マコーミック, 『地球環境運動全史』, 岩波書店, 1998年.

  지구환경문제에 대해 주로 전후부터 리우정상회담에 이르기까지 상세히 논하고 있다. 이 주제에 특히 관심이 있는 독자들에게 권한다.

- 藤垣裕子, 『専門知と公共性』, 東京大学出版会, 2003年. (후지가키 유코, 『전문지와 공공성』, 동경대학출판회, 2003.)

  과학적으로 불확실한 문제를 다룰 때, 과학자 등이 가진 전문주의가 어떻게 기능하는지를 논하고 있다.

15 과학기술사회론으로의 길

〈이 장의 학습목표 & 포인트〉 이 책의 지금까지의 흐름을 정리하고 현대사회에서 과학기술의 위치에 대해 생각해 본다. 또 과학기술에 관한 의사결정을 전문가들에게만 맡기는 것은 한계가 있다는 점을 이해한다. 이에 대한 대처방안으로 참여형 의사결정에 대해서도 알아본다.

〈키워드〉 과학기술에 대한 불안, 결여모델, 합의회의, 부다페스트 선언, 사회를 위한 과학, 과학기술사회론(STS)

15.1 과학과 기술의 융합

이 마지막 장에서는 우선 이 책의 전체적인 내용을 정리해보자. 그림 15.1은 그것을 개관하기 위한 것이다. 이 책의 3장까지는 「과학」, 「기술」, 또는 「과학기술」이란 무엇인가를 생각해 보았다. 역사적으로 과학과 기술은 전혀 별개의 것으로 탄생했다. 과학은 자유로운 시민의 철학적 사색으로 고대 그리스에서 시작되었다. 그에 반해 기술은 인류의 등장에 필적할 만큼 오랜 역사를 갖는다. 하지만 고대세계에서 기술은 하층민이나 노예의 일로 여겨졌다.

그 후의 역사적 전개에 대해 이 책에서는 기술발전으로 일어난 두 차례의 사건에 주목했다. 첫째는 중세의 산업혁명이다. 유럽

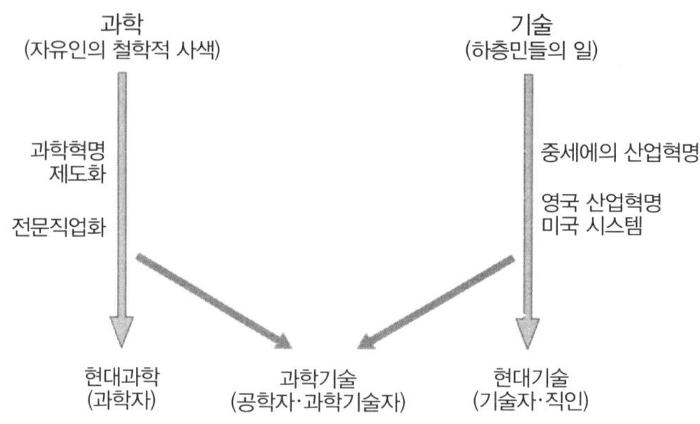

〈그림 15. 1〉 과학과 기술의 관계에 대한 역사적 개관 (저자 작성).

에서는 삼포제의 도입 등에 의해 농업이 발전했고, 동력의 이용이 확대되었다. 기술의 또 다른 큰 혁신은 대량생산의 확립이었다. 그것은 18세기 후반 영국의 산업혁명에서 시작되었고, 미국 시스템을 거쳐 20세기 초에 최종적으로 완성되었다. 한편, 과학의 분야에서 획기적인 사건은 17세기의 과학혁명이었다. 과학혁명을 거치며 아리스토텔레스적 세계관이 폐기됨과 동시에 근대과학으로의 진입이 시작되었다. 과학혁명과 병행하여 과학이 제도화되었고, 과학의 제도화의 제2단계로서 과학의 전문직업화가 이루어졌다.

그러나 이 같은 역사적 흐름 속에서 과학과 기술이 융합된 사건은 없었다. 17세기에 이르러 양자의 통합이 말해졌지만 실상은 구호에 그칠 뿐이었다. 18세기경이 되자 군사분야를 중심으로 기술교육에 과학이 도입되었다. 하지만 초기 기술자들은 과학과 기술을 결합시켜 새로운 것을 발명하거나 산업을 창도했다고 말하기는 힘들다.

과학과 기술이 참된 의미로 융합하기 시작한 것은 19세기 후반에 이르러 과학에 기초를 둔 기술이 발전하면서부터이다. 기업은 과학에 소양이 있는 기술자들을 고용할 필요에 직면했다. 그들은 기술자라는 새로운 사회집단을 형성해 갔다. 이 집단의 형성을 독일의 국립 연구기관의 경우처럼 국가가 주도한 경우도 있었다. 그러나 미국에서는 이런 흐름을 민간이 주도했다.

이처럼 과학이 기술과 결합한 결과 과학기술이 등장했다. 그리고 기술이 과학에 힘입어 비약적으로 진보하는 시대가 도래했다. 제2차 세계대전 후 미국의 과학정책에 주춧돌을 놓은 배느바 부시에 따르면, 과학의 성과는 직접적으로 기술의 성과에 연결된다.

15.2 공학의 시대

그러나 현대를 단순히 「과학기술의 시대」라고 규정하는 데는 무리가 있다. 그림 15.1이 보여주듯이 「과학기술」과는 달리 순수히 「과학」이라고 해야 할 영역이 오늘날에도 엄연히 존재한다. 이것은 천문학을 떠올리면 쉽게 이해할 수 있다. 천문학은 망원경이라는 기술적 성과를 활용하지만, 그것은 어디까지나 새로운 과학적 발견을 위한 것이다.

기술에도 마찬가지의 것을 말할 수 있는데, 직인의 기술은 과학기술이라고 볼 수 없다. 현대기술이라도 현장의 기능이나 시행착오에 의존하는 부분은 적지 않다.

하지만 현대사회에서 과학기술이 차지하는 위상은 매우 크

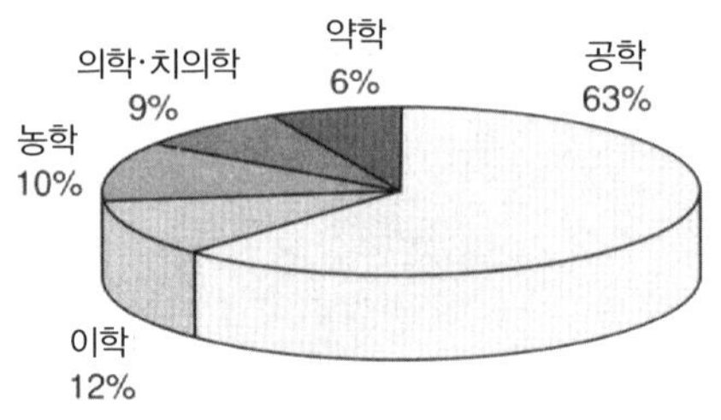

2003년도 이공계 학부 학생총수 708,462명
같은 해 학부 학생총수 2,509,374명

〈그림 15. 2〉 일본 대학 학부 이공계 학생수의 구성 비율 (2003)

(출처: (獨)科学技術振興機構研究開発戦略センター編,『科学技術と社会』, 丸善プラネット社, 27쪽.)

다. 그림 15.2는 일본 대학의 이공계 학생들의 비율을 학부별로 표시한 것이다.

이학부의 학생 숫자보다 공학부의 학생 숫자가 훨씬 많다는 점에 주목할 필요가 있다. 이학부의 학생들이 비교적 순수과학에 가까운 내용을 배우고 있다면, 공학부의 학생들은 공학을 중심으로 한 내용을 배우고 있다.

이렇게 볼 때, 현대는 공학의 시대이자 기술의 시대이며 과학기술의 시대라고 말할 수 있다. 공학의 분야별 통계에서 볼 때, 기술 안에서도 과학기술로 분류할 만한 영역의 중요성이 점차 증가하고 있다는 것을 알 수 있다. 그림 15.3은 일본의 제조업 각 분야의 출하액을 1950년부터 기록한 것이다.

경공업 비율의 감소는 전통적인 기술제품의 지위가 하락해왔다는 것을 보여준다. 한편, 미국식 시스템의 완성을 대표한다고 볼 수 있는 자동차 산업의 출하액은 증가세를 보이고 있다. 흥미로운

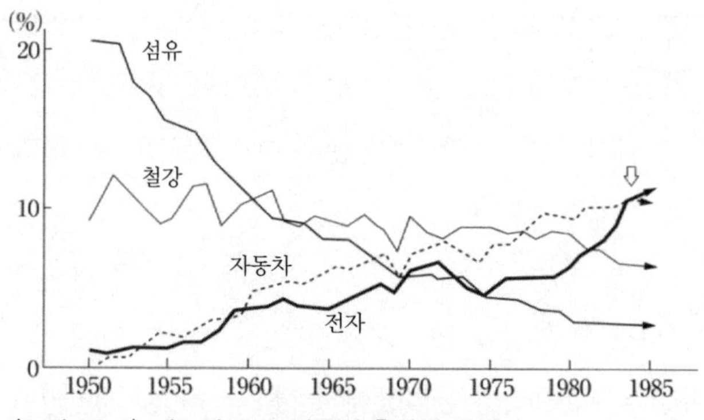

〈그림 15. 3〉 제조업 주요 업종의 출하액 구성비

(출처: 日本アイ·ビー·エム, 『情報処理産業年表』, 209쪽을 가필 수정.)

것은 전자제품, 즉 일렉트로닉스의 출하액이 80년대에 이르러 자동차를 능가했다는 점이다. 이 시기는 일본이 하이테크를 선전하던 시대였다. 일렉트로닉스는 단순히 기술이나 과학보다는 과학기술이라고 보는 편이 타당하다. 과학과 기술이 융합한 이 영역은 서서히 사회적 비중을 증대시키고 있다. 그리고 일본에서는 1980년대가 하나의 전환기였다고 볼 수 있다.

15. 3 과학기술에 대한 불안

근래 들어 사람들은 과학기술에 대한 사회 일반의 불안을 토로하고 있다. 그림 15.4는 내각부(內閣部)가 조사한 자료이다. 세 질문에 대한 답변으로부터 사람들이 과학기술에 대해 염려하고 있다는 것을 알 수 있다. 1960년대의 사람들이 과학기술의 미래를 낙관하고 있었던 것과 비교할 때, 이 같은 불안은 날로 증가하고 있다. 돌이켜보면 1960년대는 환경오염으로 얼룩진 시대였다. 따라서 과학기술에 대한 사람들의 불신은 당연한 것이었을지도 모른다. 하지만 과학기술에 대한 걱정은 오히려 최근의 현상으로 생각된다. 그것은 왜일까?

그 원인들 중의 하나는 최근의 과학기술을 둘러싼 문제가 당시와 비교하면 더 복잡한 구조를 갖고 있기 때문이 아닐까? 공해와 환경문제를 비교해보자. 산업공해의 경우, 누가 피해자이고 누가 가해자인지 비교적 확실했기 때문에 공해를 막기 위해서는 가해자에게 오염을 멈추도록 요구하면 되었다. 물론 현실적으로는 그 조차도 곤란한 경우가 많지만, 원칙적인 면만 생각해보면 그렇게 볼 수 있다. 그러나 앞 장에서 논했던 것처럼, 지구환경문제에 대해서는 피해자와 가해자를 규명하는 것이 쉽지 않다.

오존층의 파괴와 같이 과학기술이 예상 외의 문제를 발생시키는 경우도 등장했다. 지구온난화의 경우 온난화 가스를 막기 위

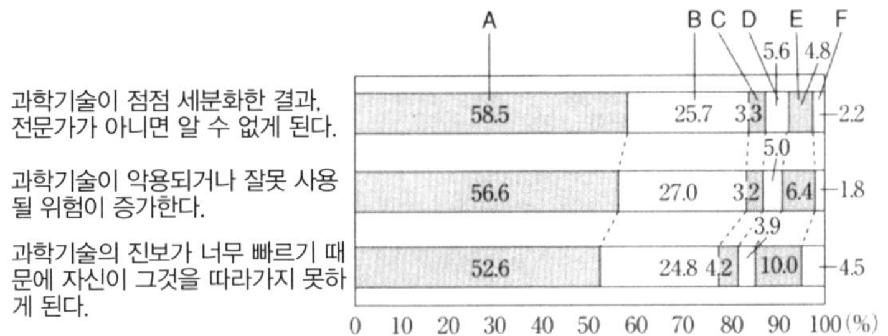

〈그림 15. 4〉 과학기술의 발전에 동반하는 과제

(출처: 『科学技術白書 平成18年度』, 83쪽.)

해서는 복잡하게 얽힌 이해관계를 국경을 넘어 조정할 필요가 있다. 그러나 문제의 과학적 예측조차 불확실성이 크다. 환경오염의 시대에는 과학기술의 틀 안에서 문제를 비교적 간단하게 처리할 수 있었다. 그러나 근래의 과학기술은 간단히 해결할 수 없는 과제들을 양산하고 있다. 그런 종류의 문제를 보통 「과학기술의 리스크」라는 말로 표현한다.

현대인들이 과학기술을 불안해하는 원인들 중에는 과학기술 자체의 성격 변화도 있는 것 같다. 과학기술론을 전공한 나카오카 테츠로(中岡哲朗)는 일찍이 기술의 진보에 의해 대중들이 소비하는 상품이 어떻게 변화해 왔는가를 그림 15.5와 같이 정리했다. 그에 따르면, 19세기부터 20세기 전반까지는 생활에 필수적이거나 가사노동을 줄이는 상품들이 대부분이었다고 한다. 대략적으로 정리하면, 의식주와 관계되는 제품이라고 볼 수 있다.

나카오카는 20세기 후반의 기술을 여가생활과 오락을 위한 것이라고 본다. 이것은 중요한 지적이지만, 나는 이 시기의 기술제품은 오히려 사람의 근간인 생명활동이나 정신활동과 관련된 것이라고 보고 싶다. 여가는 사람의 정신활동의 한 측면이기는 하지만, 컴퓨터나 인터넷, 휴대전화 등은 정보처리의 장치로서 더 깊은 수준의 정신활동에 영향을 미치고 있다.

이것들과 거의 동시대에 발전한 생명공학이나 첨단의료도 생명활동이라는 인간 존재의 깊은 영역에 직접 개입하는 것들이다. 제1장에서 소개한 것처럼 철학자 이마미치 토모노부(今道友信)는 사람에게 과학기술은 1960년경부터 환경이 되었다고 지적했다. 그

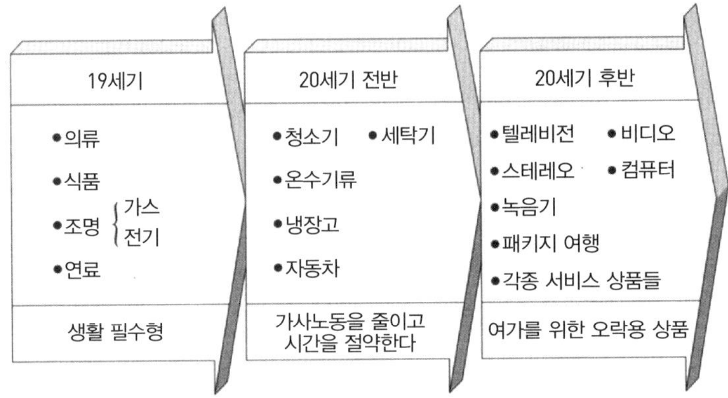

〈그림 15. 5〉 대중적 상품의 추이

(출처: 中岡哲朗, 『NHK市民大学 人間と技術の文明論』, テキスト, 13쪽.)

러나 그것이 사람의 피부에까지 도달할 정도의 환경이 된 것은 마이크로프로세서나 생명공학이 급속하게 진보한 1980년경이 아닐까? 그 때문에 나는 과학기술이 인간활동의 기본적 부분을 「침식」한다고 느끼는 사람들이 그것에 대한 불안을 갖기 시작했다고 생각한다.

15. 4 전문가에 대한 불신

과학기술에 대한 불안의 근저에는 과학기술 전문가들에 대한 일반인들의 불신도 배제할 수 없다. 특히 1995년에는 과학자와 기술자에 대한 불신을 증대시키는 사건들이 집중적으로 발생했다. 그 해 1월의 고베 대지진에서는 공학 전문가가 결코 무너질 수 없다고 했던 고속도로가 무너졌다. 3월에는 지하철 사린 사건이 일어났을 때, 과학자 지망생이나 의사들까지도 이 사건에 관여했다. 연말인 12월에는 고속증식로 몬주가 나트륨 누출사건을 일으켰지만, 사고의 실상을 촬영한 비디오를 동력로·핵연료개발사업단이 은폐했다. 이듬해 3월에는 약해(藥害) 에이즈 사건의 피고측과 원고측이 화해했다. 이 사건은 의료나 의료행정에 대한 불신을 불러일으켰다.

그러나 과학자, 기술자를 포함한 전문가들의 대응은 불신을 해소하는 것이 아니라 오히려 높이는 경향이 있는 것처럼 보인다. 문제가 발생하면, 전문가들은 그것이 과학기술에 대한 일반사회의 무지 때문이라고 보는 경향이 있다. 그것은 원자력 문제에서 특히 두드러졌고, 건강이나 안전에 관한 문제에서도 마찬가지의 경향을 보였다.

독일의 사회학자 울리히 벡(Ulrich Beck, 1944–)은 저서『위험사회(*Risikogesellschaft Auf dem Weg in eine andere Moderne*, suhrkamp, 1986)』에서 국민의 불안이 무지에서 비롯된다고 보는 행정관이나 전문가들은 보통 다음과 같이 생각하는 경향이 있다고 한다.「그런 사람에게는 기술에 관한 상세한 지식을 부여하면 된다. 그렇게 하면 그들은 전문가와 마찬가지로 기술이 조작 가능한 것이며, 위험한 것처럼 보일지라도 본래는 위험한 것이 아니라고 생각하게 될 것이다.」(일본어역,『法政大學出版局』, 1998년, 89쪽). 사람들은 무지 때문에 반과학에 빠진다는 것이다. 이 같은 생각을「결여모델(deficit model)」이라고 부른다.

일반인에게 전문적 지식이 부족한 것은 사실이며, 그 때문에 불합리한 행동을 보일 때도 있다. 하지만 전체적인 경향을 보면,

그것 때문에 반과학적인 태도를 취한다고는 말할 수 없다. 그림 15.6의 앙케트 조사에서 그것을 추측해 볼 수 있다.

이것은 1953년 이후 통계수리연구소가 실시하고 있는 「자연과 사람에 대해」의 앙케트 결과이다. 이것을 통해 일반인들은 자연을 이용하는 데에 항상 긍정적이라는 것을 알 수 있다. 단지 60년대 말부터 자연을 정복하려는 태도가 약해졌고, 자연에 따라야 한다는 의견이 증가했다. 이 변화에는 아마 직전의 공해 등의 체험이 반영되고 있을 것이다. 즉, 사람들은 과학기술의 이용에 찬성하면서도 그 과도한 이용은 경계하고, 자연과의 조화를 바라게 되었다고 이 앙케트를 해석할 수 있지 않을까?

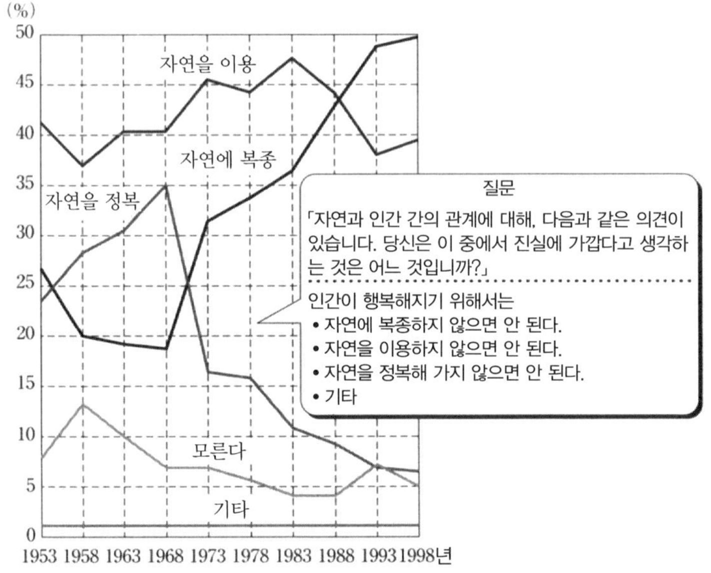

〈그림 15. 6〉 자연과 사람에 대한 앙케트 조사 (통계수리연구소에 의한다.)

(출처: 坂元慶行, 「日本人の考えはどう変わったか」, 『統計数理』, 48권 1호, 18쪽.)

15.5 참여형 의사결정의 모색

과학기술 전문가는 어떤 것을 발견하면 그 영향에 대해서는 깊이 생각하지 않고 이용하려는 경향이 있다. 고도의 의료행위나 유전자 조작에 대해서도 일반적으로 그것의 사회적인 영향이나 이용자들에 대한 배려가 부족하게 느껴질 때가 많다. 과학에서 발견된 것은 직접 기술로 이어진다는 생각이 마음 어딘가에 있을지도 모른다.

그러나 일반인들이 생활에서 직면하는 것은 학문지식으로서의 순수과학이 아니다. 그것은 과학기술이며, 게다가 사회적 존재가 된 과학기술이다. 과학기술은 그것을 만들어내는 사람들, 그 상품을 개발하는 사람들, 그것을 이용하는 사람들, 그리고 사람들을 둘러싼 정치나 국제관계적 이해가 복잡하게 엉킨 존재이다. 실제 과학기술의 발달이 직선적이라고 말하기는 어렵다. 있으니까 사용한다는 생각은 바람직하지 않다.

과학기술이 생산하는 것들에는 보통 그 선택지가 있다는 것도 고려해야 한다. 예를 들어, 에너지원으로는 화석연료나 원자력도 있고 자연 에너지도 있다. 식품에는 일반적인 육종으로 만들어진 품종도 있다면, 유전자 조작에 의한 것도 있다. 어떤 것을 선택할 것인가는 사회적으로 결정될 여지가 있다. 과학의 산물이 모든 사회에 그대로 받아들여질 리는 없다. 일반인들이 비합리적으로 과학기술에 저항하는 경우도 있지만, 그들의 저항에 합리적인 이유가 있는 경우도 있다. 전문가들에게는 전문가들의, 일반인들에게는 일반인들의 입장이 있는 셈이다. 여기서 근래 주목을 모으고 있는 것은 과학기술에 대한 의사결정 과정에 일반인들이 참가하려는 움직임이다. 이 하나의 사례가 합의회의(consensus conference)라고 불리는 것이다. 이것은 덴마크에서 1987년에 시작된 방법으로, 표 15.1(이 장의 끝에 게재)에서 알 수 있듯이 세계 각국에서 다양한 테마로 개최되고 있다.

그 개요를 말하자면, 우선 주제가 되는 과학기술의 테마를 사무국이 설정하고, 일반인들 사이에서 약 20명 정도의「시민 패널」을 모집한다. 시민 패널은 보통 반년에 걸쳐 토론을 하고,「합의」문서를 작성한다. 이 과정에서 시민 패널들은 자신들의 의문을 질문으로 정리함과 동시에 의문에 대해 답변해 줄 10−15명 정도의 전문가들을 선택한다. 이들을「전문가 패널」이라고 부른다. 전문가 패널에는 해당 과학기술의 전문가들뿐만 아니라, 사회과학의 전문가들, 아울러 그 과학기술에 특정한 의견을 가진 사람들(예를 들어 환경운동가)도 포함된다. 시민 패널들은 전문가 패널들의 강연이나 의견을 참고하면서 최종적으로 자신들의 입장에서 그 과학기술을 이용할 것인지 등의 의견을 문서로 정리한다.

현재까지 개최된 합의회의는 참가한 시민들은 물론 전문가들로부터도 좋은 평가를 얻고 있다. 과학기술의 전문가들은 일반인들이 던지는 예상 밖의 질문에서 배우는 것이 적지 않다고 한다. 합의회의는 하나의 방법이며, 거기에도 한계가 있음은 물론이지만, 분명 흥미로운 실험이다. 그것은 과학자들과 시민들이 서로 정보를 교환하는 쌍방향의 과학기술 소통의 중요성을 명확히 인식하고 있는 것이다.

15.6 사회 속의 과학, 사회를 위한 과학

「과학을 위한 과학」이라는 용어가 상징하고 있듯이, 일찍이 과학은 그 자신을 위한 것이었다. 진리의 탐구는 무조건 선한 것이었다. 그런데 과학이 과학기술로 그 중심을 옮기고 사회화되면서 사태는 그리 단순하지 않게 되었다.

과학자들도 그것을 인식함으로써 세계적인 변화가 시작되고 있다. 1999년에 과학자들이 발표한 「부다페스트 선언」은 「지식을 위한 과학」과 함께, 「사회 속의 과학, 사회를 위한 과학」을 열거했다.

이 선언은 유네스코와 국제 과학회의(ICSU, 국제회의와 아카데미의 연합)가 공동 개최한 「세계 과학회의」의 산물이다. 과학 리더들은 과학기술을 사회에 유익하게 사용하기 위해서는 그에 대해 깊이 배려하지 않으면 안 된다는 인식을 보여주었다.

사회를 위한 과학이라는 생각은 세계에 널리 퍼지고 있다. 그러나 그것이 단순히 표어로 끝나지 않기 위해서는 과학, 기술, 사회가 어떻게 상호 작용하고 있고, 그런 관계를 어떻게 조정하면, 과학기술이 참된 의미에서 사회에 도움이 될 것인가를 학문적으로 검토할 필요가 있다. 따라서 모든 학문 분야를 동원하여 과학기술과 사회에 관한 깊이있는 성찰을 시도하는 것이 필수불가결할 것이다.

이 책의 제1장의 표 1.1에서 보여준 것처럼, 이 같은 연구분야는 근래 과학기술사회론(STS)이라고 불리고 있다. 해외에서 약

20년 정도 앞서 시작된 이 분야는 일본에서도 1990년대 들어 관심이 높아졌고, 2001년에는 과학기술사회론 학회가 발족하기에 이르렀다. 이처럼 새로운 학문 연구의 진흥이 중요하다는 점을 새삼 강조하면서 이 책을 마무리하고자 한다.

〈표 15. 1〉 세계의 합의회의

국가	개최 연도	테마
덴마크	1987	공업·농업에서의 유전자공학
	1988	시민생활과 위험물 제조
	1989	식물의 방사선 조사(照射)/인간 유전자 지도 작성
	1990	대기오염
	1991	교육공학(기술)
	1992	유전자조작동물
	1993	자가용의 미래/불임
	1994	교통정보기술/ 통합화된 농업/ 전자신분증명서
	1995	환경 및 식품에 관한 화학물질의 한계/유전자 치료
	1996	미래의 어업/소비와 미래의 환경
	1997	재택근무
	1999	유전자조작식품
	2000	소음과 기술/전자감시
	2001	도로 혼잡 통행료 징수제
	2002	유전자검사
	2003	환경의 가치
아르헨티나	2000	유전자조작식품
	2001	인간게놈계획
호주	1999	식물에 대한 유전자기술
오스트리아	1997	대기권 상층의 오존

캐나다	1999	식품의 유전자기술
	2000	지방자치단체의 폐기물정책
프랑스	1998	유전자조작식품
독일	2001	유전자검사
이스라엘	2000	교통의 미래
네덜란드	1993	유전자조작동물
	1995	인간의 유전자연구
뉴질랜드	1996	식물의 유전자기술
	1999	식물의 유전자기술2
	1999	생명공학에 의한 해충 구제
노르웨이	1996	유전자조작식품
	2000	컴퓨터 관리와 양로원
한국	1998	유전자 조작식품의 안전과 윤리
	1999	동물복제
	2004	원자력정책
대만	2004	국민건강보험제도/대리모
스위스	1998	국가의 전기정책
	1999	유전자기술과 식품
	2000	이식의료
영국	1994	유전자조작식품
	1999	방사성 폐기물의 관리
미국	1997	정보통신과 민주주의의 미래
	2002	유전자조작식품
일본	1998	유전자치료 (시행판)
	1999	고도 정보사회 특히 인터넷 (시행판)
	2000	유전자조작농작물/인간게놈연구
	2001	유전자조작농작물/안마가와(安間川) 하천의 정비구상
	2002	유전자조작농산물
	2006-07	호카이도의 유전자조작농작물

● 학습과제

과학기술에 관한 참여형 의사결정이나 과학기술의 쌍방향 소통에 대해 인터넷 등에서 조사해보자. (키워드로는 합의회의, 과학가게, 지역사회기반연구(Community Based Research), 과학카페 등).

◆ 참고문헌

- 小林傳司,『トランス·サイエンスの時代』, NTT出版, 2007年. (고바야시 타다시,『트랜스 사이언스의 시대』, NTT출판, 2007.)

  시대적인 과학기술의 모습을 트랜스 사이언스(trans-science)라는 개념으로 잘 정리하고 있다.

- 中島秀人,『日本の科学/技術はどこへいくのか』, 岩波書店, 2006年. (나카지마 히데토,『일본의 과학/기술은 어디로 가는가』, 이와나미서점, 2006.)

  이 장에서 다룬 내용을 다양한 관점에서 더 상세하게 논한 책이다.

- 金森修·中島秀人編著,『科学論の現在』, 勁草書房, 2002年. (가나모리 오사무·나카지마 히데토 편저,『과학론의 현재』, 경초서방, 2002.)

  나를 포함한 그룹이 논쟁을 거쳐 만들어낸 과학기술사회론의 교과서.

- 小林傳司,『公共のための科学技術』, 玉川大学出版会, 2002年. (고바야시 타다시,『공공을 위한 과학기술』, 타마가와대학 출판회, 2002.)

  이 책과 특히 관련이 있는 것은 제1부의 이론편이다. 과학기술에 대한 일반사회의 대응 변화, 그 배경에 있는 과학기술의 성격 변화, 과학적인 합리성과 사회적인 합리성의 차이, 전문가에 대한 신뢰 등 개념적 문제들을 다룬다. 조금 전문적인 내용이기 때문에 특히 이 문제에 관심이 있는 독자들에게 추천한다.

옮기고 나서

나는 이 책을 쓴 나카지마 교수와 개인적인 인연이 있다. 1997년 도쿄대학 과학사·과학철학 연구실에서 유학하고 있던 당시 나는 도쿄공업대학에 재직 중이던 나카지마 교수와 몇 차례 만날 기회가 있었다. 첫 인상이 무척 부드러웠다. 그때의 인연으로 19세기 중엽 한·일 간의 과학기술 정책을 비교한 내 석사논문을 도쿄공업대학에서 발표한 적도 있었다. 그 뒤 박사학위를 마치고 내가 일본을 떠나 영미권에 장시간 체류했던 관계로 그와 자주 만날 기회는 없었다. 그러다가 최근 오랜 해외생활을 정리하고 한국에 귀국했을 때, 오랜만에 나카지마 교수와 재회할 기회가 있었다. 왕성한 활동력과 어우러진 온화함은 세월과 함께 더욱 깊어진 느낌이었다. 무엇보다 기쁜 것은 장시간에 걸친 그의 과학론 연구를 번역을 계기로 다시 만날 수 있게 된 것이다. 그러나 책의 번역은 기쁜 일이었으나, 부담감은 오히려 더해갔다. 내 형편없는 한국어 구사능력이 장시간 각고의 노력을 기울여 완성한 그의 이 연구 결실에 오히려 누가 되지 않을까 하는 걱정 때문이었다. 그러나 누군가 이 책을 한국에 소개해야 한다면, 오랫동안 그와 인연을 맺어왔던 내가 부족하나마 그 일을 해야 한다고 생각했다. 책을 옮기면서 나는 나카지마 교수의 이 책이 전에는 볼 수 없었던 유형의 과학기술사회론의 전문서라는 느낌을 가졌다. 더 깊은 비평은 이 책을 읽는 독자들의 몫이겠지만, 아래에서는 번역자의 입장에서 내가 받은 인상을 간단히 정리해보고자 한다.

이 책은 크게 그리스시대의 과학부터 현대과학까지를 정리하고 있는 과학사의 통사로 볼 수 있다. 어느 분야든 통사를 쓴다는 것은 말처럼 쉬운 일이 아니다. 그것은 통사가 그 분야의 다양한 지적 흐름들을 시대를 초월하여 폭넓게 정리하는 특징을 지녔지만, 동시에 상호 단절되기 쉬운 각 학파들의 사유를 유기적으로 연결하는 총체적 조감도여야 한다는 점 때문일 것이다. 아울러 통사를 집필하는 저자는 하나의 주제로 관통되는 지식의 조류들을 어느 한 쪽에 치우치지 않고 골고루 다루지 않는 한, 통사 본래의 취지를 잃어버리기 쉽다. 물론 그것은 정반대의 의미에서도 힘든 일이다. 왜냐하면 통사가 다양한 지식 조류들을 골고루 나열하는 데 그치는 한, 자칫하면 그것은 무미건조한 연대기적 서술로 흐르기 쉽기 때문이다. 그런 이유로 통사적 역사 서술은 원래 비평하기는 쉬워도 집필하기는 매우 어려운 작업이라고 볼 수 있다. 물론 과학사에 관한 통사적 서술이 결코 드문 일은 아니다. 서점에 가서 둘러보면 우리는 과학사의 통사들을 적지 않게 찾아볼 수 있다. 그러나 이 책은 몇 가지 점에서 기존의 과학사 통사들과는 구별되는 특징을 갖고 있다.

내가 느낀 이 책의 특징을 들자면, 먼저 이 책은 과학사와 기술사가 적절하게 어우러져 있다는 점이다. 책의 첫머리에서 지적하고 있듯이, 이 책에는 대학을 졸업한 뒤 지은이가 첨단기술연구소에서 직접 경험하며 느낀 생각들이 생생하게 녹아있다. 즉, 지은이는 그곳에서 대학에서는 별로 경험하지 못했던, 과학과 기술이 밀접하게 결합된 현장에 상당한 충격을 받았다고 쓰고 있다. 모두가 알다시피 과학은 오늘날 기술과 뗄래야 뗄 수 없는 관계를 맺고 있다. 우리가 흔히 과학이라고 부르더라도, 그것은 기술을 포함한 포괄적인 내용을 염두에 두는 경우가 많다. 많은 연구자들이 동의하고 있듯이, 과학이 기술과 이처럼 밀접한 관련을 맺게 된 것은 19세기 이후였다. 이때 과학에 기반을 둔 기술, 기술에 기반을 둔 과학이 본격적으로 태동했다. 현대사회의 일상이 된 풍경들, 예를 들어 컴퓨터, 휴대폰, 반도체 등은 모두 최첨단의 과학과 기술이 융합된 것들이다. 일반적인 과학사의 통사들도 지적하고 있듯이, 지은이 또한 과학과 기술이 본격적으로 결합한 것은 19세기 후반이었다는 데 동의한다. 지은이는 기술 분야에서 발생한 두 차례의 혁명으로 농업기술의 발달을 불러온 중세의 산업혁명과 18세기 후반부터 영국과 미국을 거쳐 완성된 대량생산 시스템의 확립을 들고 있다. 과학 분야에서는 17세기 과학혁명을 획기적인 사건으로 들고 있다. 그리고 이 같은 과학과 기술은 19세기 후반에 이르기까지 서로 참된 의미로 결합한 적이 없었다고 한다. 그러나 지은이가 과학과 기술의 관계를 다루는 방식은 종래의 과학사 통사들과 구분된다. 일반적인 과학사의 통사들은 과학의 탄생과 발전을 역사적으로 추적하는 작업, 다시 말해 과학이론이 역사 속에서 어떻게 형성되었는가, 그리고 새로운 과학이론이 어떻게 낡은 과학이론을 누르고 사회 전면에 등장하게 되었는가 등에 초점을 맞추어 왔다. 이런 과학사의 통사는 그리스 이후 과학이론의 발달을 이해하는 데는 무리가 없었지만, 오늘날 과학이 현대사회에서 이렇게 막강한 힘을 발휘하게 된 이유를 해명하는 데는 한계가 없지 않았다. 지은이는 제1장에서 「과학기술」과 「과학·기술」 사이의 차이를 설명하고 있는데, 그것은 지은이가 과학과 기술의 상호 관련성을 이 책에서 일관되게 고민하고 있기 때문이다. 지은이는 과학과 기술이 결합하기까지 양자가 어떻게 독립적으로 발전해왔는지를 고대 이후부터 추적하고 있다. 이 같은 서술은 근대 이후 과학이 기술과 연관을 맺게 된 구체적 유래를 이해하는 데 효과적일 뿐만 아니라, 과학이 현대사회에서 이렇게 막강한 힘을 발휘하게 된 이유를 해명하는 데도 도움이 된다. 그런 점에서 이 책은 종래의 과학사 통사들과는 구분되는 과학기술사 통사라고 볼 수 있다.

이 책이 가진 또 하나의 특징은 이것이 단순히 기술을 포함한 과학사의 통사에 머물지 않고, 과학철학, 과학사회학을 아우르는 포괄적인 시각 안에서 과학기술과 사회 사이의 관계를 다루고 있다는 점이다. 과학사라는 학문은 20세기 초까지만 해도 과학의 발달을 적극적으로 뒷받침하는 내용으로 탄생했다. 과학을 둘러싼 이 같은 관심은 과학철학은 물론 사회학의 영향을 받은 과학사회학, 그리고 과학지식사회학 등 새로운 분야로 이어졌다. 그리고 과학을 둘러싼 연구는 1980년대 말부터 과학사, 과학철학, 과학사회학의 흐름들이 뒤섞여 과학론(또는 과학학, Science Studies)으로 재편되었고, 오늘날에는 기술까지를 포함한 과학기술사회론(Science, Technology and Society)으로 확대되고 있다. 즉, 과학사 또는 과학철학이나 과학사회학만을 독립적으로 다루는 연구는 더 이상 '과학'의 복잡한 다양성을 이해할 수 없고, 특히 기술의 측면을 배제하고는 현대의 과학을 이해하기 힘들다는 생각에 도달하게 된 것이다. 최근 기존의 전공 중심의 근대적 학문의 문제점을 지적하는 목소리가 높아진 결과, '통섭'(consilience)이나 '융합'(convergence), '학제적 연구'(interdisciplinarity) 등을 지향하는 학문이 각광을 받고 있는데, 과학기술을 둘러싼 이 같은 포괄적인 연구야말로 근대학문의 제도화 과정을 통해 고착된 영역적 폐쇄성을 한발 앞서 뛰어넘는 역할을 담당해온 것이다.

이 책은 기본적으로 과학기술사를 줄거리로 하면서도 과학철학의 논쟁적 이론들, 그리고 오늘날 기술과 결합한 과학이 사회 속에서 불러 일으키고 있는 다양한 문제들을 어떻게 해결할 것인가에 대해서도 폭넓게 고민하고 있다. 그런 점에서 이 책은 종래의 과학사 통사들과 구별되는 특징을 갖고 있는 것이다.

마지막으로 이 책이 번역에 이르게 된 과정을 간단히 언급하고자 한다. 앞에서 말한 대로 나는 일본 유학시절부터 나카지마 교수와 인연을 맺었다. 20대 중반을 갓 넘긴 나는 과학사를 공부하고 싶다는 열망 하나만으로 현해탄을 건넜으나 여전히 불투명한 미래 앞에서 방황하던 청년이었다. 당시 나의 방황은 지금 생각해보면 애당초 해결 불가능한 것이었고, 나의 질문들은 설익은 것 투성이였다. 그러나 한국에서 건너온 한 청년의 고뇌에 그는 만날 때마다 귀를 기울여 주었다. 그런 나카지마 교수께 나는 늘 고마운 마음을 가져왔다. 오랜 미국 생활을 마치고 귀국하여 전남대학교에서 첫 학기를 보내고 있던 작년 말, 이 책의 번역을 추천해주신 분은 다름 아닌 한국 과학사 학계의 원로이신 송상용 선생님이었다. 송상용 선생님은 80년대 끝자락의 운동권 학생이었던 내가 1996년 어느 날 밤 과학사 공부를 하고 싶다고 말씀 드린 순간부터 무려 17년이 흘러 작년 전남대학교에 오기까지 나의 미진한 공부를 항상 지켜봐 주셨다. 그간 내가 선생님께 받은 은혜는 말로 표현하기가 도저히 불가능하다. 이 책의 번역에도 선생님께서는 물심양면으로 지원을 아끼지 않으셨다. 선생님은 바쁜 시간을 쪼개어 직접 「추천하는 말」을 써 주셨을 뿐만 아니라, 장시간의 해외 체류가 가져온 내 어색한 한국어 어휘 능력과, 그것들이 만들어낸 많은 오류들을 교정해 주시기까지 했다. 이 책에서 발생하는 모든 오류는 전적으로 나의 책임이지만, 선생님의 절대적 도움이 없었다면 이 책을 만족스럽게 번역하기란 불가능했을 것이다. 그런 점에서 송상용 선생님께는 이 자리를 빌어 특별한 감사의 말씀을 드리고 싶다.

2013년 2월 7일 김성근

찾아보기

ㅈ

ㅊ

ㅎ

【지은이】

나카지마 히데토(中島秀人)

1956년	도쿄 출생
1980년	도쿄대학 교양학부 교양학과 과학사 · 과학철학 분과 졸업
1985년	도쿄대학 대학원 이학계연구과 과학사 · 과학기초론 박사과정 만기퇴학
1988~95년	도쿄대학 첨단과학기술연구센터 조수 (과학기술윤리 분야)
	런던대학 임피리얼 콜리지 객원연구원
1995~	도쿄공업대학 대학원 사회이공학연구과 준교수, 학술박사
2005~06년	헝가리 부다페스트 고등과학연구소 연구원
2007~	방송대학 객원준교수 (2010년부터 교수)
2009~	일본 과학기술사회론학회 회장
2010~	유엔대학 객원교수

주요 저서

『로버트 후크, 뉴튼에 가려진 남자』(아사히신문사, 1996) 오사라기상 수상
『일본의 과학/기술은 어디로 가는가』(이와나미서점, 2006) 산토리상 수상

【옮긴이】

김성근

1970년	전남 보성 출생
1995년	전남대학교 화학공학과 졸업
2004년	도쿄대학 대학원 종합문화연구과 학술박사 (과학사 · 과학철학 전공)
2004~06년	도쿄대학 첨단과학기술연구센터 외국인 협력연구원
2005~07년	일본 학술진흥회(JSPS) 외국인 특별연구원
2006~07년	도쿄 오츠마여자대학 비상근강사
2007~08년	영국 케임브리지 니덤연구소 방문연구원
2008~12년	미국 캘리포니아대학 버클리 과학기술사연구실 연구학자
2012~	전남대학교 기초교육원 조교수

주요 저서

『교양으로 읽는 서양과학사』(안티쿠스, 2009)
역서: 유카와 히데키, 『보이지 않는 것의 발견』(김영사, 2012)

사회 속의 과학

발행일 2013년 2월 20일 초판 인쇄
2013년 2월 28일 초판 발행

지은이 나카지마 히데토(中島秀人)
옮긴이 김성근
발행인 황인욱
발행처 도서출판 오래

주 소 서울특별시 용산구 한강로 2가 156-13
전 화 02-797-8786, 8787, 070-4109-9966
팩 스 02-797-9911
이메일 orebook@naver.com
홈페이지 www.orebook.com
출판신고번호 제302-2010-000029호.(2010. 3. 17)

ISBN 978-89-94707-76-1

가 격 12,000원